[美] J. 威廉·沃登 著
J. William Worden, PhD, ABPP

王建平 唐苏勤 等译

哀伤咨询与哀伤治疗

(原书第5版)

GRIEF
COUNSELING
AND GRIEF
THERAPY

Fifth Edition

机械工业出版社
China Machine Press

图书在版编目（CIP）数据

哀伤咨询与哀伤治疗：原书第 5 版 /（美）J. 威廉·沃登（J. William Worden）著；王建平等译 . -- 北京：机械工业出版社，2022.1（2024.5 重印）

书名原文：Grief Counseling and Grief Therapy, Fifth Edition

ISBN 978-7-111-69652-0

I. ①哀… II. ① J… ②王… III. ①悲 – 情绪 – 心理咨询 ②悲 – 情绪 – 精神疗法 IV. ① B842.6 ② R749.055

中国版本图书馆 CIP 数据核字（2021）第 247263 号

北京市版权局著作权合同登记　图字：01-2021-6243 号。

J.William Worden. Grief Counseling and Grief Therapy, Fifth Edition.

Copyright © 2018 Springer Publishing Company, LLC.

Simplified Chinese Translation Copyright © 2022 by China Machine Press. This edition is authorized for sale in the Chinese mainland (excluding Hong Kong SAR, Macao SAR and Taiwan).

No part of this book may be reproduced or transmitted in any form or by any means, electronic or mechanical, including photocopying, recording or any information storage and retrieval system, without permission, in writing, from the publisher.

All rights reserved.

本书中文简体字版由 Springer Publishing Company, LLC 授权机械工业出版社在中国大陆地区（不包括香港、澳门特别行政区及台湾地区）独家出版发行。未经出版者书面许可，不得以任何方式抄袭、复制或节录本书中的任何部分。

哀伤咨询与哀伤治疗（原书第 5 版）

出版发行：机械工业出版社（北京市西城区百万庄大街 22 号　邮政编码：100037）	
责任编辑：朱婧琬	责任校对：殷　虹
印　刷：保定市中画美凯印刷有限公司	版　次：2024 年 5 月第 1 版第 4 次印刷
开　本：170mm×230mm　1/16	印　张：16.75
书　号：ISBN 978-7-111-69652-0	定　价：79.00 元

客服电话：(010) 88361066　68326294

版权所有 • 侵权必究
封底无防伪标均为盗版

译者团队

王建平
北京师范大学心理学部二级教授，博士生导师

唐苏勤
深圳大学心理学院助理教授，香港大学社会工作博士

李　青
中国心理学会注册心理师，北京大学学生心理中心咨询师

史光远
清华大学学生发展指导中心讲师，北京师范大学临床与咨询心理学博士

唐任之慧
北京师范大学临床与咨询心理学博士生，国家二级心理咨询师

王　薇
北京师范大学应用心理学硕士，国家二级心理咨询师

邢怡伦
北京师范大学心理学硕士，国家三级心理咨询师

Grief Counseling
—and—
Grief Therapy

译者序

  2020 年是不平凡的一年。突如其来的新冠疫情，让很多人暂时失去了习以为常的生活方式，暂时失去了当面互动的学习环境，暂时失去了赖以谋生的工作，暂时失去了谈笑风生的常聚，也让很多人永远失去了至亲至爱。截至 2021 年 12 月 11 日，中国国家卫生健康委员会公布的数据显示，中国（包括港澳台）新冠疫情累计报告确诊病例 128970 例，其中死亡病例 5697 例。根据美国宾夕法尼亚州立大学社会学者阿什顿·维德里（Ashton Verdery）与同事的测算，每一名新冠肺炎患者的死亡，会使处于其社会网络中的 9 名亲人受到影响；由此推测，中国至少有 5 万多人因疫情突然成为丧亲者。由于新冠疫情的突发性与防控措施的特殊性，疫情丧亲者面临着无法与亲人告别、无法举办丧葬仪式、无法保留重要遗物、经历多重丧失、社会支持不足等困境，他们的哀伤历程更复杂，心理健康问题更凸显。

  2020 年也是我们团队开展哀伤研究的第十个年头。2010 年年初，我在一次会议上从多年好友、瑞士苏黎世大学临床心理学家安德烈亚斯·梅尔克尔（Andreas Maercker）处第一次得知了延长哀伤障碍（prolonged grief disorder，PGD）这一新的精神障碍诊断，便从此开启了我的探索哀伤之旅，我当时的硕士研究生唐苏勤则成为第一位负责执行项目的团队成员。十多年来，我们团队不断壮大，一直致力于考察中国丧亲者的心理健康状况，探索延长哀伤障碍在中国人群中的发生发展机制，研发针对中国丧亲者的心理服务方案，并积极关注及引进国外资源，如于2016年出版的《哀伤治疗：陪伴丧亲者走过幽谷之路》(*Techniques of Grief Therapy*：*Creative Practices for Counseling the Bereaved*) ⊖。

2020年年初疫情爆发后，我们团队在北京师范大学的资助下迅速发起"看见哀伤，与爱同行"的公益服务项目，联合国内外哀伤领域专家对国内心理咨询师进行哀伤咨询培训与督导，培养内地第一批哀伤咨询师，并由他们为疫情丧亲者提供公益哀伤咨询。在项目执行过程中，虽然我们已竭尽全力为咨询师们提供系统的培训，也常常被专家、咨询师与志愿者们的无私奉献感动，更是为丧亲者的无条件信任而动容，但更多时候，藏在我们热心与忙碌之下的，是一颗诚惶诚恐的心——我们真的把最优秀、最前沿的哀伤理论与实务技能以最系统且易传播的方式递送给国内同行了吗？

因此，2020年接到翻译本书的邀请，对我们而言意义非凡。J.威廉·沃登博士这本《哀伤咨询与哀伤治疗》自1982年第1版面世以来，其对四项哀悼任务的原创总结、对哀伤理论与研究进展的周全介绍、对不同丧亲类型与实务技巧简明扼要的讲解、对哀伤咨询师自我探索与自我照顾的关切，持续影响着哀伤领域的科研与实务工作者。

十多年前，我们以学生的姿态如饥似渴地学习本书的前四版，了解"活到老，学到老"的沃登博士如何根据哀伤研究新发现逐步修正自己提出的哀悼任务。第三项哀悼任务"适应一个没有逝者的世界"，在第1版中为"适应一个没有逝者的环境"，只涉及外部日常生活环境，而从第3版开始考虑到适应外部、内部与精神世界，并根据最新研究加入了意义建构的视角。第四项哀悼任务更是经历了数次更新：在第1版中，受到弗洛伊

⊖ 本书已由机械工业出版社出版。

德对哀悼看法的影响，第四项任务原为"从逝者那里收回（withdraw）情感能量，并重新投入（reinvest）到其他关系中"；到第 2 版和第 3 版时，受到客体关系视角的影响，该任务被修改为"将对逝者的情感重新安置（relocate），并让生活继续"；随着 1996 年丹尼斯·克拉斯（Dennis Klass）与同事提出"持续性联结"这一概念并获得越来越多的实证证据支持，第 4 版中该任务被进一步修改为"在保持与逝者的持续性联结中，开始新的生活"；由于后续研究发现持续性联结并非总对丧亲后的适应过程有益，在最新的第 5 版中，沃登博士再次修改措辞，以求更准确地传达第四项任务的精髓——"在继续人生旅程的过程中找到一种方式来纪念逝者"。沃登博士对自己的严格要求与对知识的精益求精，可见一斑。此外，第 5 版中更新的网络哀悼资源等内容，在后疫情时代再次阅读时不得不感叹沃登博士的远见。现今，比起十几年前在哀伤领域的蹒跚学步，积累了一定理论知识与临床经验的我们有幸以同行的身份，更胸有成竹地肩负起这份责任，迫不及待地将本书第 5 版隆重引荐给国内的精神健康实务工作者。

  这本译著是由我们带领团队中以丧亲与哀伤为研究及临床实务方向的成员共同完成的，成员中有在读的硕士、博士研究生，有已毕业现正从事企业、高校心理服务工作、科研教学工作的硕士、博士，还有为疫情丧亲者提供公益咨询而加入团队的心理咨询师。我们有严谨的步骤与周密的分工：首先，由唐苏勤对术语表进行了翻译，团队开会讨论确定了全书术语的统一；其次，团队成员各自负责其中的一章或两章，先独自翻译，后相互校对，再由译者确认各自译稿；最后，由我们负责对全书进行审校，并在编辑审校反馈后再次修改与确认。各位译者的分工如下：序、引言和第一章，唐苏勤；第二章和第三章，邢怡伦；第四章和第六章，李青；第五章和第十章，唐任之慧；第七章和第九章，王薇；第八章，史光远。在整个翻译过程中，我们定期组织团队全体成员通过线上会议及工作群讨论翻译中遇到的问题，以保证术语的一致性与译文的准确性。

  在译稿付梓之际，我们想感谢 J. 威廉·沃登博士为哀伤咨询师们书写了这部如此系统实用的指南,并基于哀伤领域研究新进展对内容进行不断迭代,让我们通过翻译得以重温旧知、获得新知。特别感谢团队中所有成员对这本译著投入的感情、时间和精力,感谢大家的不懈努力与守时敬业!感谢机械工业出版社将如此重要的一本著作引进国内,感谢编辑善解人意、细致耐心的沟通协调,感谢三审三校中其他编辑及工作人员的辛勤付出。

最后,尽管我们团队十分认真和努力,竭力保证知识的准确传达,但我们在翻译过程中还是常常感叹,要做到信达雅实属不易。如果读者在阅读时遇到任何问题,请不吝赐教,提出宝贵的意见和建议,我们会认真记录,并在后续印刷版次中改进。同时,也欢迎读者就阅读中萌生的想法与我们讨论,以本书为沟通桥梁,推动中国哀伤领域研究与实务的发展。我们的邮箱地址是:王建平,wjphh@bnu.edu.cn;唐苏勤,sqtang@szu.edu.cn。

王建平于北京
唐苏勤于深圳
2021 年 12 月 12 日

Grief Counseling
—and—
Grief Therapy

序

  创作本书的想法来源于我在芝加哥大学为精神健康专业人士开展的一系列工作坊，这些专业人士在为期两天的工作坊中接受继续教育，为了了解哀伤、丧亲和哀悼过程，他们探索自己的丧失经历，学习任务模型。这一系列工作坊始于1976年，每年开展两次，每次招收100人，但每年都会爆满，很多人报不上名。随后，我们开始在美国其他地区开办这类工作坊。本书英文版第1版于1982年问世，里面的很多内容都是在这一系列工作坊中分享过的。

  本书书名来源于我在佛罗里达大学的一场讲座。当时，我受邀给众多精神健康专业人士举行 Arthur G. Peterson 年度讲座，讲座题目为"哀伤咨询与哀伤治疗"。这是我第一次对二者进行区分，这样的区分对我来说很有意义，而多年来的实践也证明了对二者进行区分是很有用处的。哀伤咨询指的是咨询师对最近丧亲的人进行干预，促进丧亲者完成哀悼的各种任务，这些丧亲者没有明显的、复杂化的丧亲经历。哀伤治疗指的是专业人士对哀悼过程出现复杂问题的丧亲者使用技术和干预，目的是帮助丧亲者的哀伤过程更具适应性。通常情况下，这些丧亲者与逝者的分离存在很多冲突，亟待处理。哀伤咨询常常可以由有一定技巧的朋友或家人进行，而哀伤治疗需要更多的技巧、知识和训练。

我们真的需要哀伤咨询师吗？我在30多年前本书英文版第1版出版时也问过这一问题，当时我的回答是，我不认为我们需要设立一个名为哀伤咨询师的新职业。我现在仍然这么认为。社会工作者莱利（D. M. Reilly, 1978）说："我们并不需要一个名为丧亲咨询师的全新职业。我们需要现有的专业人士，如神职人员、葬礼负责人、家庭治疗师、护士、社工和医生，对丧亲这一议题进行更多的思考、敏感性和行动。"（p. 49）劳埃德（Lloyd, 1992）补充道："对那些并不一定是专业心理咨询师的其他相关行业人员来说，处理哀伤与丧失的技术仍然是处于核心的、必不可少的工具。"（p. 151）我同意这一说法。通过本书，我希望可以帮助到那些工作中涉及关怀丧亲者，具有提供有效干预所需知识和技巧，甚至已经在从事预防性精神健康工作的从事传统职业的专业人士。

英文版第5版在全书各个部分都呈现了新的内容，有必要更新的信息均已更新。自1982年第1版问世以来，世界发生了很多变化。创伤性事件和学校枪击案件频发，可能造成儿童创伤的陈年旧事也不容忽视。社交媒体和网络资源如雨后春笋，我们可以随时随地通过智能手机轻松获取信息。丧亲研究和服务也在努力跟上这些变化。在本书中，我竭尽自己所能地向读者呈现最新的内容，让作为精神健康专业人士的读者可以在对丧亲儿童、丧亲成人和丧亲家庭进行干预时发挥自身的最大作用。

我想向在本书撰写过程中给予我帮助的人致以特别的感谢。熟悉前几个版本内容的三位密友和同事对第5版可以进行哪些修改、更新哪些内容提出了具体建议，并在写作过程中鼓励我。他们是贝勒大学医学人文学临床教授比尔·霍伊（Bill Hoy），犹他大学社会工作学院的马克·德·圣奥宾（Mark de St. Aubin），以及洛杉矶OneLegacy机构的治疗师米歇尔·波斯特（Michele Post）。我在本书中采纳了他们的大部分建议。

将丧亲领域的最新文献纳入本书是一项工作量巨大的任务。本书的文献库包含了超过5000篇参考文献，该文献库建立于20世纪70年代我在哈佛工作时。帮助我整理最新文献的研究助理是亚历克斯·福莱特斯（Alexes Flates）和哈利·巴恩斯（Haleigh Barnes），两位都已经完成了临床心理学博士训练，并继续在丧亲领域从事相关工作。拜欧拉大学罗斯密德心理学院的院长克拉克·坎贝尔（Clark Campbell）博士在两位研究助理的人员协调上提供了很大帮助，我也想向他表示感谢。

沃登工作小组中的专业人士每个月定期会面，提供支持和督导，他们帮助了我，让我的想法更清晰。这些人包括罗·阿特利（Ron Attrell）、丹尼斯·布尔（Dennis Bull）、保拉·邦恩（Paula Bunn）、盖伦·戈本（Galen Goben）、安·戈德曼（Ann Goldman）、琳达·格兰特（Linda Grant）、安妮特·艾弗森（Annette Iversen）、劳里·卢卡斯（Laurie Lucas）、迈克·米多尔（Mike Meador）、盖尔·普莱斯纳（Gayle Plessner），以及米歇尔·波斯特。

特别感谢斯普林格出版集团行为科学领域的执行编辑谢里·苏斯曼（Sheri W. Sussman）。她在第1版到第5版中都贡献了智慧并给我鼓励，我们的友谊已经持续了35年。我的家人和朋友也给了我重要的情感支持。

詹姆斯·威廉·沃登
于马萨诸塞州波士顿
于加利福尼亚州拉古纳尼格尔

Grief Counseling
—and—
Grief Therapy

目 录

译者序
序

引言 1
 社交媒体和在线资源 ┊ 1
 复杂性丧亲的本质是什么 ┊ 3
 被剥夺的哀伤 ┊ 4
 持续性联结 ┊ 5
 意义建构 ┊ 6
 复原力 ┊ 8
 创伤与哀伤 ┊ 9
 结语 ┊ 10

第1章 依恋、丧失与哀伤体验 12
 依恋理论 ┊ 12

哀伤是一种疾病吗 | 15

正常哀伤 | 16

哀伤与抑郁 | 30

反思与讨论 | 33

第2章　理解哀悼的过程　34

哀悼的任务 | 36

其他模型 | 49

反思与讨论 | 52

第3章　哀悼的过程：哀悼的影响因素　53

影响因素 1：亲属关系——去世的是谁 | 53

影响因素 2：依恋的本质 | 54

影响因素 3：逝者的死亡方式 | 55

影响因素 4：历史先例 | 59

影响因素 5：人格变量 | 60

影响因素 6：社会变量 | 68

影响因素 7：同时出现的丧失和压力 | 71

注意事项：哀悼行为是由多因素决定的 | 71

哀悼何时结束 | 72

反思与讨论 | 74

第4章　促进正常哀伤　75

哀伤咨询的目标 | 76

识别高风险的丧亲者 | 79
咨询原则与程序 | 81
有效的技术 | 96
药物的使用 | 99
团体哀伤辅导 | 100
理解人际动力 | 105
通过丧葬仪式促进哀伤 | 108
哀伤咨询有用吗 | 110
反思与讨论 | 113

第5章 异常哀伤反应：复杂性哀悼　114

为什么人们难以应对哀伤 | 114
哀伤是如何变成困扰的 | 121
复杂性哀伤的新诊断 | 122
现存的复杂性哀悼模型 | 125
诊断复杂性哀悼 | 134
反思与讨论 | 138

第6章 解决复杂性哀悼　140

哀伤治疗的目标和设置 | 142
哀伤治疗的步骤 | 143
哀伤治疗的特殊议题 | 152
技术和时机 | 154

梦在哀伤咨询与治疗中的使用 | 156

几点注意事项 | 157

评估结果 | 158

反思与讨论 | 160

第7章　特殊丧失引发的哀伤　162

自杀 | 162

与自杀丧亲者的咨询 | 166

突发性死亡和暴力性死亡 | 170

婴儿猝死综合征 | 175

流产 | 177

死产 | 179

堕胎 | 181

预期性哀伤 | 183

艾滋病毒/艾滋病（HIV/AIDS）| 188

反思与讨论 | 190

第8章　哀伤和家庭系统　191

孩子的死亡 | 196

祖父母的哀伤 | 203

父母去世的儿童 | 203

家庭干预方法 | 208

哀伤与老年人 | 211

　　　　家庭需求与个人需求 ┆ 215

　　　　反思与讨论 ┆ 216

第9章　哀伤咨询师自己的哀伤　217

　　　　丧失史 ┆ 220

　　　　压力和倦怠 ┆ 221

　　　　反思与讨论 ┆ 225

第10章　哀伤咨询培训　226

参考文献　250

引　言

距本书第 1 版问世已经超过了 35 年，许多新的概念被引入哀伤、丧失和丧亲领域。在正式进入第 5 版的内容前，我想重点强调一些我认为值得注意的主题。很多主题是在过去 20 年出现的，我会在本书详细讨论其中的某些主题。我曾试图按照重要性排出十大主题，但在下文中我只是简单地列了出来，这些主题都非常重要。

社交媒体和在线资源

利用社交媒体和其他网络资源帮助处于哀伤之中的人是一个新兴趋势。这些网络哀悼资源被用于①纪念逝者，②对丧亲者进行干预，以及③进一步研究丧亲与哀悼过程（Stroebe，van der Houwen，& Schut，2008）。下面我将列出目前人们使用社交媒体和网络资源所实现的功能。

1. 在线纪念。家人、朋友和其他人可以上网表达对逝者的思念，安慰逝者的家人和朋友。这些纪念网页通常由为丧亲家庭提供服务的葬礼承办人、与葬

礼无关的团体 [如 Open to Hope（www.opentohope.com）] 或非营利组织 [如 Heal Grief（www.healgrief.org）] 设立。在纪念网页上，人们可以点亮网络纪念蜡烛、发布悼词、进行纪念逝者的艺术创作或上传照片。还有 Facebook Memorial 纪念网页，可用于发布讣告或葬礼服务、分享回忆、赞颂逝者的一生。出于某些原因，这些纪念网页可能会吸引到一些并不认识逝者的陌生人，他们会关注某些内容，有时候还会发布信息（De Groot，2014）。

2. 网络化干预。目前已有一些为遭受不同类型丧失并满足诊断条件的人提供在线治疗的网站。这类干预往往由一位治疗师开展。这类干预的服务范围包括创伤后应激障碍（posttraumatic stress disorder，PTSD）、抑郁症和延长哀伤障碍（prolonged grief disorder，PGD），也会帮助正在经历难以启齿的被剥夺的哀伤，比如孕期失去胎儿或性少数群体失去伴侣。这类治疗对人们的吸引力之一是其匿名性，匿名可以促进自我暴露，但同时也充满危险。如果患者具有自杀或杀人倾向，治疗师需要可以直接联系到患者，并能提供直接的资源，这一点至关重要。这类治疗并不适用于所有患者，在治疗开始前，治疗师必须进行谨慎的在线或电话诊断。

3. 网络丧亲支持小组。我们可以在网上找到这类小组，它们往往是针对某些特殊类型的丧失设置的，比如自杀导致的死亡（Feigelman，Gorman，Beal，& Jordan，2008）。也有一些小组的设置是为了帮助各种类型的丧亲者（M. Post，"Grief in the Digital Age" seminar，November 2，2016）。这些小组由专业人士领导，或者至少由专业人士监督，这些专业人士拥有允许或拒绝人们进入小组的权限（Paulus & Varga，2015）。人们在参与小组前后的变化可用结果测量工具在其参与前和参与后进行评估（van der Houwen，Schut，van den Bout，Stroebe，& Stroebe，2010）。

4. 同命人支持网页。这类自助网页往往在自然灾害（洪水、飓风、地震）、大规模枪击和其他灾难性事件后设立，让用户可以表达感受、询问问题，感受到自己是集体的一部分，努力面对这些事件并解决相关问题（Miller，2015）。这类网站不会提供个性化的专业反馈。但是，它们对那些无法从其他地方获得帮助的人特别有效（Aho，Paavilainen，& Kaunonen，2012）。

5. 心理教育目的。有些人需要哀伤和丧失相关信息来使自己正在经历的一切恢复正常，他们可以利用这些网页来获取有关哀伤过程的信息（Dominick et al.，2009）。这些网页一般不具有交互性，而是针对某一主题提供信息。不过，有些网站也会允许用户针对某一主题提问，这些问题可能会由正在浏览该网页的其他用户回答，也可能只是简单呈现问题。

6. 与逝者交流。有些网站和Facebook页面是以逝者的名义设立的。哀悼者会经常利用这些页面给逝者写东西，一般是写信，以表达他们的想法、感受和疑问。研究这一现象的学者发现，以这种方式与逝者交流的主要目的是进行意义建构，次要目的则是为哀悼者提供与逝者之间的持续性联结（Bell，Bailey，& Kennedy，2015；De Groot，2012；Irwin，2015）。

如果你还想了解更多有关网络哀悼的资源，我推荐你阅读由索夫卡（Sofka）、丘比特（Cupit）和吉尔伯特（Gilbert）主编，由斯普林格出版社（Springer Publishing）于2012年出版的《网络世界的临终、死亡和哀伤》（*Dying，Death，and Grief in an Online Universe*）一书。

复杂性丧亲的本质是什么

多年来，研究复杂性哀悼和开展哀伤治疗的专业人士都在使用诸如"慢性哀伤"（chronic grief）、"延迟的哀伤"（delayed grief）和"缺失的哀伤"（absent grief）等术语来诊断那些出现复杂性丧亲或复杂性哀悼的人。事实上，在贝弗利·拉斐尔（Beverly Raphael）和沃里克·米德尔顿（Warwick Middleton）调查哀伤领域的顶尖治疗师最常使用哪些术语时，人们对其中一些概念的定义就已经达成了共识。虽然这些治疗师最常使用的术语惊人地一致，但问题在于在《精神障碍诊断与统计手册》（*Diagnostic and Statistical Manual of Mental Disorders*）中，复杂性哀伤属于Z编码中的一员，而Z编码中的诊断不支持通过保险公司进行第三方赔付。另一个问题在于，这些术语缺乏精确的定义，这导致开展严谨的研究举步维艰。针对这一问题，最简单的解决办法是使用诸如抑郁、焦虑、躯体化这类成熟的病理性概念，这些概念都有不错的标准化量表。虽然这些临床概念可能是哀悼者体验的一部分，但它们显然不能测量哀伤。目前有些测量哀伤的量表，如《得克萨斯修订版哀伤量表》（Texas Revised Inventory of Grief；Faschingbauer，Devaul，& Zisook，2011）和《霍根哀伤反应清单》（Hogan Grief Reaction Checklist；2001），但大部分量表的常模都是在临床人群而非一般人群中修订的。

从20世纪90年代起，霍莉·普利格森（Holly Prigerson）、凯瑟琳·希尔（Katherin Shear）和马迪·霍洛维茨（Mardi Horowitz）就开始致力于研究复杂性哀伤，将这一诊断纳入《精神障碍诊断与统计手册》的不懈努力持续了20多年，最终该诊断在2013年出版的该手册第5版（*DSM-5*）中出现。这一诊断的纳入可以让符合该诊断的患者通过保险支付治疗费用，也能促进研究者申请进一步探讨这一概念的研究经费。第5章将会详细介绍这一诊断，以及它的发展过程和现状。

被剥夺的哀伤

这一术语由肯·多卡（Ken Doka）提出，由阿提戈（Attig，2004）进一步发展，为哀伤领域增加了一个很重要的概念。多卡于1989年首次提出了这一概念，于2002年更新了该概念的定义（Doka，1989，2002）。被剥夺的哀伤（disenfranchised grief）指的是哀悼者与逝者之间的关系不被社会认可的情况。一个典型的例子为，与哀悼者是婚外情关系的人去世。如果这段婚外情并不为外人所知，人们不会邀请哀悼者参加葬礼，哀悼者也不会得到相应的社会支持——许多人发现社会支持在重要他人死亡后是很有帮助的。另类的生活方式不被社会认可，逝者的家人可能会排斥与逝者共享这些生活方式的朋友或情人。与被剥夺的哀伤相关的其他例子不计其数，本书将提供一些有关重新认可这些丧失的建议，从而帮助哀悼者适应其丧失。

阿伦·拉扎尔（Aaron Lazare，1979，1989）是我早期在麻省总医院工作时的同事，他谈及了两类与被剥夺的哀伤直接相关的丧失。第一类是社会否认的丧失（socially negated loss），指的是那些社会认为并不是丧失的丧失。例如，怀孕期间失去胎儿，无论是由于流产还是引产。第二类与被剥夺的哀伤相关的丧失是无法公开提起的丧失（socially unspeakable loss），指的是那些哀悼者难以启齿的丧失。常见的例子包括自杀死亡和感染艾滋病死亡。这两类丧失在社会中都带有一些污名化色彩。对于正在经历这两类丧失的人，帮助他们谈论逝者、探索有关这些死亡事件的想法和感受，是有用的干预策略。本书第 7 章将会涉及有关处理这些类型的丧失的建议。

持续性联结

持续性联结（continuing bond）指丧亲者与逝者继续维持着依恋关系，而非放弃这一依恋关系。这并不是一个全新的概念。舒赫特和茨苏克（Shuchter & Zisook，1988）在圣迭戈进行的开创性丧偶研究中发现，在配偶去世数年后，丧夫者仍然会感觉到亡夫在自己身边。在哈佛儿童丧亲研究中，西尔弗曼、尼克曼和沃登（Silverman，Nickman & Worden，1992）在一大群学龄丧亲儿童中观察到，儿童持续感受到与已故父母有联结。对大部分孩子来说，这是一种积极的体验，但对于一部分孩子来说，这种感受并不舒服。由克拉斯（Klass）、西尔弗曼和尼克曼撰写的《持续性联结：重新理解哀伤》（*Continuing Bonds：New Understandings of Grief*；1996）将我们的研究和其他一些研究放到一起，普及这样一种理念：有些人会继续保持与逝者的联系，而不是像弗洛伊德（Freud，1917/1957）认为的那样出现情感退缩。

然而，并不是所有人都能欣然接受这一新的观点，很快就有声音质疑持续性联结是否对所有人都是好的，它可能对某些人来说是一种适应良好的现象，但对另一些人来说则意味着适应不良。持续性联结真的与健康的、不断向前的生活有关系吗？其中很多争议来源于缺乏严谨的研究证据支持持续性联结的有用性。随着更多研究的开展，其中一些问题是可以得到解答的。这些问题基本上围绕着四个方面：①在适应丧失的过程中，哪些类型的联结是最有帮助的？联结的类型包括逝者的遗物（保持联系或过渡性的物品、纪念性质的物品），逝者就在身边的感觉，与逝者交谈，让自己相信逝者的信仰和价值观，继承逝者的人格特点等（Field & Filanosky，2010）。②对哪些人来说持续性联结是有帮助的，对哪些人来说没有帮助？回答这一问题需要对不同类型的哀悼者进行区分，因为这一概念并不适用于所有人。一个有前景的努力方向是了解哀悼者与逝者之间的依恋类型（Field，Gao，& Paderna，2005）。在可能出现慢性哀伤的焦虑型依恋个体中，紧紧抓住逝者不放的人可能是适应不良的。一些哀悼者需要学会放手并继续生活下去（Stroebe & Schut，2005）。③持续性联结在什么时间范围内更具适应性，在什么时间范围内更为适应不良？例如，是离丧失时间更近，还是离丧失时间更远好一些呢（Field，Gao，& Paderna，2005）？④宗教差异和文化差异对维持健康的联结有什么影响？这一问题涉及不同社会文化中的信仰与仪式，它们被用于促进与逝者的联系和纪念逝者（Suhail，Jamil，Ovebode，& Ajmal，2011；Yu et al.，2016）。第 2 章将会介绍更多有关持续性联结的内容。

意义建构

意义重建与意义建构是由心理学家罗伯特·内米耶尔（Robert Neimeyer）提出并推广的概念，在过去 20 年间对哀伤领域的发展具有重要作用。他认为意义重建是丧亲个体需要面对的重要过程，而意义建构的过程主要是通过运用叙事或人生故事的方式完成的。像所爱之人死亡这样未能预料到的、与预期不一致的事件发生时，个体需要重新定义自我，并且重新学习在没有逝者的世界里继续生活。个体无法完全回到丧失之前的功能水平，但能学会如何在没有已故所爱之人的情况下过上有意义的生活（Neimeyer，2001）。这也是我提出的第三个哀悼任务（见第 2 章）的核心部分，在这一哀悼任务中，哀悼者必须学习去适应一个没有逝者的世界。死亡会让个体怀疑自己的世界观（精神适应）和个人认同（内部适应）。丧亲者会提出严肃的问题，例如"我的生活现在会是怎样的""逝者的一生有什么意义""我在一个这样的世界里如何能感觉到安全"以及"死亡事件发生后，我现在是谁呢"（Neimeyer，Prigerson，& Davies，2002）。

不过，我认为有必要指出，有些死亡事件并不会从根本上动摇一个人的意义建构。戴维斯、沃特曼、雷曼和西尔弗（Davis，Wortman，Lehman and Silver，2000）在两个不同的丧亲人群中进行的研究发现，20%~30%的丧亲者在没有进行意义建构的情况下也能好好生活。在那些尝试寻找意义的丧亲者中，只有不到一半的人在死亡事件发生一年后找到了意义。那些找到了意义的人，要比那些尝试寻找却没能找到意义的人适应得更好。有意思的是，有些丧亲者即便在找到了意义之后还会继续追寻。

内米耶尔（Neimeyer，2000）对戴维斯的研究进行了评论，他认为研究中的大部分参与者都曾经尝试过意义建构，参与者应该在这一过程中得到帮助。他也提醒咨询师，如果丧亲者没有自发地进行意义建构，咨询师不应该主动提出开始这一过程。他提出一个重要的区分方式来总结自己的评论：意义建构是一个过程，而不是一个结果或成就。与死亡和丧失相关的意义是需要持续不断修正的。我们在与丧亲儿童的工作中可以清晰地看到这一点，随着儿童年龄的增长，进入新的发展阶段时，他们会问，"如果我的父母健在，他们现在会是什么样呢"，以及"我现在大学毕业了 / 我现在要结婚了 /……我们的关系会是怎样的呢"（Worden，1996a）。第 2 章将会介绍更多作为哀悼任务之一的意义建构的相关内容。

复原力

当菲莉丝·西尔弗曼（Phyllis Silverman）和我对 125 位失去父母的儿童进行为期两年的研究时，我们注意到可以把他们分为三类。第一类儿童（约 20%）在父母死亡发生后两年间的状况不太好。由于我们的研究经费来源于美国国立精神卫生研究所资助的一个研究项目，该项目致力于识别处于风险之中的丧亲儿童并预防问题发生，因此这一部分儿童成为我们的重点研究对象。我们可以在丧失初期找出那些处于风险之中的儿童，为他们提供早期干预，从而预防由死亡事件导致的负面后果吗？我们也注意到有一类比例稍低的儿童似乎过得不错，我们将他们定义为具有复原力的儿童。他们的学业表现、社交生活、与逝者的交流、自我价值感、控制感以及对已故父母认同都得分很高。第三类，也是人数最多的儿童则在丧亲后的最初两年里过得马马虎虎（Silverman，2000；Worden，1996a）。

得益于乔治·博南诺（George Bonanno；2004，2009）的研究，我们开始了解具有复原力的丧亲者。这些人可以很好地适应丧失，不需要进行咨询或治疗。我认为我们早就该关注这一群体了。

欧文·桑德勒（Irwin Sandler）、夏琳·沃奇克（Sharlene Wolchik）和蒂姆·艾尔斯（Tim Ayers，2008）在亚利桑那州所做的研究拓宽了我们对复原力的认识。像我一样，他们更愿意使用"适应"而非"恢复"这一术语。可以良好或有效适应丧失的哀悼者进行的是具有复原力的适应（resilient adaptation）。桑德拉的团队在对失去父母的儿童和家庭的研究中确定了与丧失适应相关的风险因素和保护因素。该研究基于复原力的视角，同时关注积极和消极的结果，比仅仅关注病理性结果的视角更为全面。令人关注的是，在亚利桑那州的丧亲家庭中发现的风险因素和保护因素，与西尔弗曼和我在波士顿的研究中发现的因素很相似。来自个体和社会环境层面的多个因素都在起作用，因此桑德拉的团队将他们的理论命名为适应的背景框架理论（contextual framework on adaptation）。该理论认为，个体是嵌套在家庭中的，而家庭嵌套在社区和文化之中。这些有关丧亲复原力的全新研究和观点有望丰富我们对哀伤和丧失的理解。第3章将介绍这一方面的更多内容。

创伤与哀伤

正如抑郁与哀伤有许多相似之处，创伤与哀伤也有一些相同的行为特征。大量文章讨论了创伤与哀伤有哪些相似和不同之处。一些学者将所有类型的哀伤都归为创伤，例如兰多（Rando）、霍洛维茨和菲格利（Figley），但我认为这种对哀伤的看法有些牵强。我更愿意采纳由斯特罗毕、舒特和芬克瑙尔（Stroebe，Schut and Finkenauer，2001）提出的模型，他们对以下三种情况进行了区分。第一种情况是不涉及丧亲的创伤。在这种情况下，个体所经历的创伤性事件会引发创伤症状，导致创伤后应激障碍或急性应激障碍，具体符合哪种诊断根据时间标准而定。其他的抑郁和焦虑症状可能会让个体达到共病的诊断。在第一种情况中，创伤性事件没有引起任何死亡，个体要面对的是一个或多个典型的创伤症状（侵入、回避、高警觉），而不是丧亲。第二种情况是不涉及创伤的丧亲。在这种情况下，个体经历了所爱之人的死亡，但没有出现与事件相关的创伤症状。如果在丧失后出现了并发症，这种并发症则是复杂性哀悼的其中一种类型。第三种情况可被称作创伤性丧亲。在这种情况下，个体经历了死亡事件，死亡事件的某些部分可能会引发与创伤相关的症状，这些部分可能是死亡本身的特点（通常是暴力性死亡）或者个体对死亡事件的体验（通常与不安全型依恋、与逝者紧张的关系有关）。

任何关于创伤性丧亲的讨论都绕不开两个问题。首先，在定义创伤性丧亲时，死亡事件的特点和哀悼者的反应，哪个更重要？其次，在创伤性丧亲的治疗过程中，应该首先处理哪些症状——创伤症状还是哀伤症状？创伤性应激症状会干扰丧亲后的哀伤，哀伤也会干扰对创伤的处理

（Rando，2003）。许多专业人士认为在处理哀伤症状前应该首先处理创伤症状。

虽然一直以来都有人经历暴力性死亡，但过去15年来，暴力事件的数量似乎明显上升了。最近在世界范围内发生的大规模枪击案和恐怖主义活动（包括2001年发生的"9·11"事件）说明，在我们的社会中暴力无处不在。这些暴力事件会让更多的人遭受创伤和丧亲。我们需要更多有关哀伤和创伤的研究，包括讨论哪些干预最有效的研究（Rynearson，Schut，& Stroebe，2013）。我们还需要让媒体了解，在校园枪击案之后的干预是危机干预而非哀伤咨询，二者在干预目标和技术方面都有重要区别。第3章将会介绍更多这方面的信息。

结　　语

在引言的最后，我想指出一个令我担忧的现象：临床工作者和研究者都未能认识到哀伤体验的独特性。虽然哀悼任务适用于所有死亡事件所致的丧失，但一个人着手处理并完成这些任务的过程可能会不尽相同。"一刀切"式的哀伤咨询或哀伤治疗相当局限（Caserta，Lund，Ulz，& Tabler，2016）。

当我还在哈佛念研究生的时候，戈登·奥尔波特（Gordon Allport）教授对我的思维方式产生了深远的影响。奥尔波特（Allport；September 1957，lecture notes）会对学生说："每个人都与所有其他人相似；每个人都与某些其他人相似；每个人都与其他任何人不相似。"奥尔波特终其一生的职业兴趣都在于研究个体差异，这一兴趣促使他与罗伯特·怀特（Robert White）合作进行了一项有关人类的追踪个案研究——《进行中的生命》（*Lives in Progress*；1952）。这些研究证实，每个人都有与其他人的相似性和自己的独特性。

如果把奥尔波特说的话用在丧亲领域，我们可以这样说："每个人的哀伤都与所有其他人的哀伤相似；每个人的哀伤都与某些其他人的哀伤相似；而每个人的哀伤又都与其他任何人不相似。"35年来，我们在临床实践和科学研究中往往忽视了哀伤体验的独特性。我一直很喜欢艾伦·沃飞特（Alan Wolfelt；2005）关于陪伴丧亲者的观点。在这一观点中，咨询师与哀悼者相伴同行，以能让双方获益的方式分享个人经历。我担心，在急于为复杂性（创伤性、延长）哀伤在《精神障碍诊断与统计手册》中确立一个诊断的过程中，我们过度关注"每个人的哀伤都与某些其他人的哀伤相似"，而忽视了哀伤的独特性，即每个人的哀伤又都与其他任何人不相似这一事实。我在每个版本中都郑重声明，每个人的哀伤体验都是独一无二的，人们的体验不应该被简单地安上"异常哀伤"这一名字。我更喜欢使用复杂性哀悼（complicated mourning）这一术语，它指出了在哀悼过程中会出现某些需要精神健康工作者关注的困难。

丧亲领域中，早有其他学者强调了哀伤的独特性。科林·帕克斯（Colin Parkes，2002）曾说道："从一开始，约翰·鲍尔比（John Bowlby）和我就认识到，丧亲反应存在大量的个体差异，并不是所有人都以同样的方式或同样的速度度过哀伤的各个阶段。"（p. 380）

有关哀伤独特性和主观性的值得关注的有力证据来自贡德勒、欧康纳、拉托尔、福特和莱恩（Gundel, O'Connor, Littrell, Fort and Lane, 2003）的一项fMRI研究。在对八名女性大脑中的哀伤反应进行研究后，研究者得出结论，一个分布式的神经网络调节着哀伤，这一神经网络影响着大脑的不同部位及其功能，包括情感加工、心智化、记忆提取、视觉图像加工和自主神经系统调节。这一神经网络或许可以解释哀伤的独特性和主观性，而这一发现将引领我们对哀伤的健康后果和依恋关系的神经生物学基础的探索和理解。

我相信第3章介绍的哀悼的影响因素是我们理解哀悼体验（即适应死亡事件所致丧失的过程中个体差异）的关键。

第1章

依恋、丧失与哀伤体验

依恋理论

在真正理解丧失带来的影响和与之相关的人类行为前,我们必须先对依恋的内涵有所了解。心理学和精神病学领域有大量文献探讨了依恋的本质,即依恋是什么以及依恋是如何发展而来的。其中,一位重要人物为该领域贡献了最主要的思想,他就是已故英国精神病学家约翰·鲍尔比。他职业生涯的大部分时间都用于依恋与丧失领域的研究,并撰写了大量与这一主题相关的著作。

鲍尔比的依恋理论可以让人们直观地去理解人与他人建立紧密情感联结的倾向,也解释了为何在这些联结受到威胁或者被破坏时,人会产生强烈的情绪反应。在发展这一理论时,鲍尔比涉猎广泛,纳入了来自动物行为学、控制论、认知心理学、神经生理学和发展生理学的数据资料。早期研究者认为,只有满足了某些生物内驱力(如对食物或性的内驱力),个体之间的依恋联结才会建立起来,但鲍尔比反对这类观点。在洛伦兹的动物研究和哈洛(Harlow)的幼猴研究基础上,鲍尔比(Bowlby, 1977a)指出,在上述生理需要没有得到强化的情况下，个体之间也会形成依恋关系。

鲍尔比的理论认为，这些依恋关系来源于对安全的需要；依恋关系形成于生命早期阶段，通常只出现在与某些特定个体的关系中，而依恋关系一旦形成，往往会持续大半生乃至一生。无论孩童还是成人，与重要他人形成依恋关系都是正常行为。几乎所有的哺乳动物都会出现依恋行为，鲍尔比由此认为依恋行为具有生存价值。同时他也指出，依恋行为不同于喂食和性行为。

动物幼崽和人类幼童的行为最能说明依恋行为的特点。他们长大后，离开主要依恋对象的时间变得越来越长，从而将自己的活动环境扩展至比先前所处的环境更为广阔的范围，但他们总会回到依恋对象身边寻求支持和安全感。当依恋对象消失或受到威胁时，他们会出现强烈的焦虑和激烈的情绪反抗。鲍尔比认为，孩童的父母为其进行探索活动提供了安全基础。这一关系决定了孩子在未来人生中建立情感联结的能力。这一思想与埃里克森（Erikson，1950）提出的基本信任（basic trust）这一概念相似；良好的养育会让个体认为既有能力帮助自己，也可以在遇到困难时获得他人的帮助。不当的养育会让人形成焦虑或非常紧张的依恋关系（Winnicott，1953，1965），明显的病理性失常行为由此而来。你将在本书第 3 章中了解到不同的依恋类型。

如果依恋行为的目标是维持情感联结，让这一联结岌岌可危的情境则会引发特定的反应。丧失的可能性越大，这些反应的强度就会越大，表现越多样化。"在此类情况下，所有最激烈的依恋行为被激活——紧紧依偎着依恋对象、哭泣，也可能表现出愤怒的威胁……如果这些行为奏效了，联结就会恢复；这些行为会停下来，压力和痛苦的状态会得到缓解。"（Bowlby，1977b，p. 429）如果危险没有解除，接踵而至的则是退缩、冷漠和绝望。

动物也与人类一样会出现上述行为。在 19 世纪后期写就的《人类和动物的表情》（*The Expression of Emotions in Man and Animals*）一书中，达尔文（Darwin，1872）描述了动物、儿童和成人表达悲伤的方式。动物行为学家洛伦兹（Lorenz，1963）描述了雁鹅与自己的伴侣分开时的类哀伤行为。

（雁鹅）发现伴侣消失后的第一反应是满心焦虑地试图找回它。雁鹅整日整夜焦躁不安地徘徊，不辞辛劳地飞来飞去，一一找寻伴侣可能会出现的地方，总是发出响亮、传到远方的声音……寻找伴侣的探险范围越来越大，常常让雁鹅迷失方向或死于意外……雁鹅在失去伴侣后所有可被观察到的行为特征与人类的哀伤反应基本上完全相同。（Lorenz，1963，quoted in Parkes，2001，p. 44）

还有许多例证可以说明动物世界中的哀伤。几年前，蒙特利尔动物园的海豚表现出了令人注意的反应。一只海豚死后，它的伴侣拒绝进食，动物园管理员即便可以使用某些方式让这只海豚继续生存下去，想要维持其生命也非常困难。这只海豚的哀伤和抑郁表现为不愿意进食，这类似于人类丧失后的行为。

精神病学家乔治·恩格尔（George Engel）在麻省总医院的精神科教学查房中分享了一例资料翔实的丧亲个案。这个个案出现的反应就是你在失去伴侣的人身上会观察到的典型反应。这次查房中，恩格尔分享了有关该个案的长篇新闻报道，在之后他却告诉大家，新闻里描述的实际上是一只失去伴侣的鸵鸟的行为。

由于动物世界有大量例证，鲍尔比得出结论，生物学原因可以充分解释个体在经历每一次分离时产生的自动的、本能的过激反应。他还提到，进化过程中，动物会本能地认为失去的事物可以被找回，从未考虑过有些丧失是不可逆的，分离时出现的本能反应正是基于这样的认识发展而来，哀悼过程中的行为反应也是为了与失去的客体重新建立关系（Bowlby，1980）。这一哀伤的生物学理论影响了包括英国精神病学家科林·默里·帕克斯（Colin Murray Parkes）在内的许多后继者（Parkes，1972；Parkes & Stevenson-Hinde，1982；Parkes & Weiss，1983）。其他重要的依恋理论家有玛丽·安斯沃斯（Mary Ainsworth；Aisworth, Blehar, Waters, &

Wall，1978）和玛丽·梅恩（Mary Main；Main & Hesse，1990）等。动物的哀悼反应说明，远古的生物学过程也在人类身上起作用。然而，某些哀伤中的特征只在人类身上出现，本章即将介绍这些正常的哀伤反应（参见 Kosminsky & Jordan，2016）。

证据表明，人们或多或少都会为某一丧失而哀伤。有些人类学家致力于研究其他社会、其社会文化，以及其社会文化中对失去所爱之人的反应，他们发现，无论研究的是哪个社会，无论在世界的哪个角落，几乎所有文化普遍存在努力夺回逝者的行为，或者普遍相信有一个死后的世界可以让自己与逝去的所爱之人重聚，又或者是二者兼而有之。然而，相对于文字出现之前的社会，丧亲相关病理反应似乎在文明社会中更为常见（Parkes，Laungani，& Young，2015；Rosenblatt，2008；Rosenblatt，Walsh，& Jackson，1976）。

哀伤是一种疾病吗

乔治·恩格尔（George Engel，1961）在其发表于《心身医学》（*Psychosomatic Medicine*）上的一篇发人深省的论文中提出了"哀伤是一种疾病吗"这一值得关注的问题。恩格尔的观点是，失去所爱之人所带来的心理创伤，其强烈程度不亚于身体受到严重损伤或烧伤。他提出，哀伤的出现代表了个体与健康幸福分离，正如生理学领域中让身体重新回归内稳态需要一个愈合过程，哀悼者也需要一段时间让自己回归到一个类似心理平衡的状态。因此，恩格尔将哀悼过程视作一个疗愈的过程。治愈后，哀悼者就能完全或近乎完全恢复功能，但也存在功能受损或未能完全治愈的情况。我们在描述身体愈合过程中常常会用到"健康的"（healthy）和"病理性的"（pathological）这两个术语，恩格尔认为这两个术语也可用于描述哀悼过程。他将哀悼看作一个需要时间的过程，直至功能恢复，这一过程才终止。功能受到多大损伤是程度问题（Engel，1961）。比起"恢复"（restoration）和"康复"（recovery）这些术语，我更愿意使用"适应"（adaptation）这一术语：面对丧失，一些人适应得更好一些，另一些人则适应得没那么好。在第 5 章，我们会了解复杂性哀悼，处于这类哀悼过程中的个体对丧失的适应是远远不够的。

在开始介绍正常哀伤的特征前，有必要了解三个常被交替使用的术语：哀伤（grief）、哀悼（mourning）和丧亲（bereavement）。为了让大家更好理解，我在本书中将使用哀伤来指代一个人在所爱之人死后的体验。它包含想法、感受、行为和生理变化，这些体验的形式和强烈程度会随时间变化。哀伤一词也可用于描述其他类型的丧失，但在本书中，它主要指的是死亡带来的丧失。哀悼这一术语用于描述个体面对逝者死亡时所经历的适应过程。丧失带来的结果最终会融入哀悼者的生命。丧亲指的则是个体正在努力适应的丧失，即失去关系亲密的人这一经历。

正常哀伤

正常哀伤包含一系列经历丧失后常见的感受、认知、生理感觉和行为变化，㊀又名非复杂性哀伤。时任麻省总医院的首席精神病学专家埃里希·林德曼（Erich Lindemann，1944）是最早对正常哀伤反应进行系统研究的学者之一。

在波士顿地区，有两所天主教大学以其在足球方面的较量而闻名。在 1942 年秋天，这两所大学按照在周六比赛的传统惯例，相约进行了一场比赛。圣十字学院击败了波士顿学院，赛后很多人去椰林夜总会（Cocoanut Grove nightclub）庆祝。狂欢中，夜总会的勤杂工在更换电灯泡的过程中点燃了一根火柴，然后不小心点着了店里用作装饰的棕榈树。人头攒动的夜总会瞬间被熊熊火焰吞没，近 500 人在这场悲剧中失去了生命。

㊀ 我所使用的"normal"一词同时具有临床意义和统计学意义。临床上的"正常"（normal）指的是医生认为正常的哀悼行为，而统计学上的"正态"（normal）指的是在随机抽取的丧亲人群中该行为出现的频率，行为出现的频率越高，越有可能被定义为正常。

在那之后，林德曼和同事对这场悲剧中死者的家属进行了研究，并基于研究发现撰写了一篇经典的论文——《急性哀伤的症状与处理》（Symptomatology and Management of Acute Grief，1944）。从对101位近期丧亲者的观察中，他发现了相似的模式，并将这些模式作为正常哀伤或急性哀伤的症状特征。

1. 某些类型的躯体症状或身体不适
2. 逝者的身影萦绕脑海
3. 与逝者或其死亡状况有关的内疚
4. 具有敌意的反应
5. 无法像丧亲前一样正常生活

除以上五种特征外，他还描述了许多丧亲者表现出的第六种特征：他们似乎会在自己的行为中表现出逝者的特质。

林德曼的研究存在许多不足。帕克斯（Parkes，2001）指出，林德曼没有以图表的方式呈现这些症状出现频率的相对高低，没有提及他与这些丧亲者进行了多少次访谈，也没有交代这些访谈距离死亡事件发生过去了多久。尽管如此，林德曼的研究仍是一项重要且经常被引用的研究。

我感兴趣的是，现在我们在麻省总医院观察到的丧亲者所表现出来的行为，与70多年前林德曼描述那些丧亲者的行为非常相似。在一项关于表现出急性哀伤反应丧亲者的大样本研究中，我们发现丧亲者存在以下大部分反应。我在下文中将这些反应分为四类：感受、身体感觉、认知和行为。

感受

悲伤

悲伤是丧亲者最常见的感受，实在无须多言。这种感受不一定会表现为哭泣，但哭泣是较为常见的表达方式。帕克斯和韦斯（Parkes & Weiss，

1983)推测，哭泣是一种信号，可以引发他人的同情和保护行为，建立一个中止竞争行为的社会情境。有一些哀悼者会害怕悲伤，特别是害怕强烈的悲伤（Taylor & Rachman，1991）。我们常常会听到人们说："我在葬礼中崩溃了。"还有些人试图通过给自己安排过多的活动来屏蔽悲伤，结果却发现一到夜幕降临，悲伤就不期而至。不允许自己感受到悲伤（无论是否带着眼泪），往往会产生复杂性哀悼（参见第 5 章）。

愤怒

人在丧失后常常会感到愤怒。这是最让生者觉得困惑的感觉之一，甚至是哀悼过程中许多问题产生的根源（Cerney & Buskirk，1991）。一位丈夫死于癌症的女性曾对我说："我怎么能对他生气呢？他并不想死。"而真相是，她气的是丈夫的死亡和离自己而去。如果丧亲者的愤怒没有被充分看见和承认，可能会让其哀悼过程变得复杂。

这种愤怒来源于两方面：一是自己不能做任何事情来阻止死亡事件带来的挫折感，二是失去非常亲密的人之后出现的退行体验。当你还是个很小的孩子，跟妈妈去购物时可能曾有过这类退行体验。你在购物商场里，突然间抬头发现妈妈不见了，你感到恐慌和焦虑，一直到妈妈回来。随后，你并没有对妈妈表达爱，而举起手打了妈妈。鲍尔比把这样的行为视为我们基因遗传下来的一部分，代表着"不要再离开我了"这一信息。

在失去重要他人的情况下，人们往往会表现出退行行为，感觉无助，感到自己没了那个人就无法活下去，然后会体验到愤怒，同时伴随着焦虑。咨询师需要识别出丧亲者体验到的愤怒，并将这种感受以恰当的方式导向逝者，[⊖]从而形成一个健康的适应过程。

愤怒引发的最有风险的适应不良后果是将愤怒指向自己。如果这种内射性愤怒较为强烈，当事人可能会埋怨和攻击自己，由此产生严重的抑郁症或出现自杀行为。梅兰妮·克莱因（Melanie Klein，1940）用更为心理

⊖ 即让丧亲者理解其愤怒是因为逝者的离世，而非解释为自己的无能。——译者注

动力学的视角解释了这种内射性愤怒反应，她认为，"战胜"（triumph）逝者的感觉会让丧亲者将愤怒投向自己，或投向身边的人。

责备

丧亲者处理愤怒的方式常常是无效的，其中一种处理方式是替代，或者说将愤怒指向其他人，即常常因为逝者的死亡责备他人（Drenovsky, 1994）。如果可以去责备某个人，就说明这个人要对逝者的死亡负责，那么逝者的死亡就是可以避免的。人们可能会责备医生、葬礼承办人、家庭成员、一位不善解人意的朋友，以及常常被提到的上帝。一位丧夫者问："我感觉到被背叛，但是很困惑，不知道是谁背叛了我。上帝给予我如此珍贵的东西，然后又把它拿走。这公平吗？"（Exline, Park, Smyth, & Carey, 2011）

弗莱德和博南诺（Field & Bonanno, 2001）在他们的研究中观察到了两种类型的责备：一种是责备逝者，另一种是责备自己。责备逝者的人在所爱之人的死亡事件发生后的最初几个月里体验到更多的愤怒和其他症状，以及更少的持续性联结；责备自己的人则体验到更多种的哀伤症状，并且难以接受死亡这一事实。后者往往会保存逝者的遗物，紧紧抓住内疚感来让自己与逝者保持连接，而不是以保留记忆的方式继续保持与逝者的依恋关系。

内疚和后悔

自责、羞愧和内疚是丧亲者常出现的体验，并且会影响哀伤（Duncan & Cacciatore, 2015）。我们经常可以观察到生者的内疚和后悔，例如觉得对逝者还不够好，没能更及时地将逝者送到医院，等等。通常，内疚的出现是因为已经发生了某些事情，或者生者忽略了一些本可以预防死亡事件发生的事情，一些可能阻止死亡事件发生的事情（Li, Stroebe, Chan, & Chow, 2014）。内疚常常是非理性的，可以通过现实检验来消除。当然，可能存在真正内疚的情况，比如丧亲者确实做了一些导致死亡事件发生的事情。这类情况更需要进行治疗干预，而非进行现实检验。

焦虑

生者的焦虑可能是轻微的不安全感，也可能是强烈的惊恐发作。丧亲者焦虑的强烈程度越高、持续时间越长，越是说明他的哀伤反应是异常的（Onrust & Cuijpers，2006）。焦虑主要有两个来源。第一个来源是依恋相关焦虑。这是一种生者担心无法照顾好自己的恐惧，他们常常会说："没有他我活不下去。"（Meier, Carr, Currier, & Neimeyer, 2013）第二，焦虑与个人死亡觉醒的增强相关，即因所爱之人的死亡而提升的对自己生命有限性的觉察（Worden，1976）。极端情况下，这种焦虑可能会发展为恐惧症。著名作家C.S.刘易斯（C. S. Lewis，1961）了解这种焦虑感受，他在妻子去世后写道："从来没人告诉过我哀伤的感受与恐惧是如此相似。我不觉得害怕，但我体验到了类似害怕的感觉。同样的心神不宁，同样的坐立不安，哈欠连天。我不停地吞口水。"（p. 38）

孤独

孤独是生者常常表达出来的感受，那些失去了伴侣或者失去了曾经朝夕相处的亲密关系对象的丧亲者尤甚。即便相当孤独，很多丧夫者也不会外出，因为她们觉得在家里待着更有安全感。一位结婚52年的丧夫者在丈夫去世10个月后跟我说："我现在非常孤单，感觉就像是世界末日。"斯特罗毕、斯特罗毕、阿巴库姆金、舒特（W. Stroebe, Stroebe, Abakoumkin & Schut, 1996）对情感性孤独和社会性孤独进行了区分。社会支持有助于缓解社会性孤独，但无法缓解由于依恋关系受到破坏而造成的情感性孤独。情感性孤独只能通过整合其他依恋关系来消解（M. Stroebe, Schut, & Stroebe, 2005）。有时候，肢体接触的需要也与孤独相关。这种情况在丧偶的人，特别是老年人中更为明显（Van Baarsen, Van Duijn, Smit, Snijders, & Knipscheer, 2001）。

疲惫

林德曼的患者提到自己感觉疲惫，我们也常常在生者身上观察到这种情况。疲惫感有时候可能表现为漠不关心或无精打采。对一个总是精神抖擞且活跃的人来说，如此强烈的疲惫感可能会让其感觉到惊讶，同时也令其感觉痛苦。一位丧夫者提到："我早上没办法从床上爬起来。我总是感觉很累，没法顾及家务事。"疲惫通常具有自限性。如果未能自行好转，则可能是抑郁症的临床征兆。

无助

让人们对死亡事件感受到巨大压力的因素之一，是死亡所引发的无助感。这种与焦虑紧密相关的感受常常出现在丧失早期。尤其是丧夫者，她们会感受到极度的无助感。一位带着七周大的孩子的丧夫者说道："我的家人在最初五个月过来跟我住在一起。我那时很担心自己随时发飙，无法照顾孩子。"无助感与心理控制点（内控与外控）相关。那些具有外控观的人喜欢把事情归因于外部环境，没那么容易获得控制感和自我效能感（Rubinstein，2004）。

震惊

震惊最常出现在突发性死亡的情况下。有些人接到电话，得知所爱之人或朋友的死讯。即便是在死亡可预期、逝者的疾病逐渐恶化的情况下，当通知死讯的电话最终响起时，生者还是会感受到震惊和不敢相信。

渴求

英国人将这种苦苦思念逝者描述为一种针扎一样的感受（pining）。帕克斯（Parkes，2001；Parkes & Prigerson，2010）注意到渴求逝者这一现象在生者中很常见，尤其是在他研究的丧夫群体中。渴求逝者是丧亲者面对丧失的正常反应。想念减少，则可能标志着哀悼快要结束了。如果想念迟迟不能结束，则可能是丧亲者正在经历复杂性哀悼的临床征兆（W. Stroebe，Abakoumkin，& Stroebe，2010）。本书第5章会谈到复杂性哀悼的表现之一——延长哀伤，以及"渴求"在诊断延长哀伤中的角色（Robinaugh et al.，2016）。

解放

感觉获得解放是丧亲者在经历死亡事件之后体验到的一种积极感受。我曾经帮助过的一名年轻女性，她的父亲是一个君王似的人物、一个冷酷顽固的独裁者，控制着她的生活。在她父亲突发心脏病死亡后，她经历了正常的哀伤感受，但也感觉自己获得了解放，因为她再也不用生活在父亲的专横控制之下了。一开始，她对自己有这样的感受感到不安，但随后，她可以接受这是自身生活状态改变后的正常反应。

解脱

许多人在所爱之人死亡后会感觉到解脱，尤其是当逝者生前饱受长期病痛折磨时。一位年长的丧夫者提道："他在身体上和精神上所遭受的折磨都结束了，这一点让我想得开了一些。"解脱感在丧亲者与逝者的关系特别不好，但双方通常保持着一辈子的关系时也会出现。有时候，逝者长时间反复进行自杀尝试后完成了自杀，丧亲者也会在其自杀后感觉到解脱。然而，在这种情况下，内疚感常常会伴随着解脱感而产生。

麻木

值得一提的是，有些人会提到自己没有感觉。丧失之后，他们感觉麻木。这种麻木感常常出现在哀悼过程早期，通常是在丧亲者刚刚得知逝者的死讯后。出现麻木感很可能是由于丧亲者需要处理的感受太多了，如果允许所有的感受都进入意识的话，可能会压垮自己，因此麻木感可以保护自己不被大量涌入的感受所侵袭。关于麻木感，帕克斯和韦斯（Parkes &

Weiss, 1983) 写道:"没有证据说明这种感受是不健康的反应。屏蔽感受是一种防御机制,让人可以应对难以承受的痛苦,是人再正常不过的反应。"(p. 55)

你在浏览感受清单时,切记这些都是正常的哀伤感受,没有任何一种感受是病理性的。然而,如果这些感受的持续时间超过了正常范围且过于强烈,那么可能是复杂性哀伤反应的征兆,本书第 5 章将会进行讨论。

身体感觉

林德曼论文的有趣之处在于他不仅描绘了人们所感受到的情绪,还提到了与他们急性哀伤反应相关的身体感觉。这些感觉常常被人忽略,但它们在哀悼过程中具有重要作用。下面是通过我们进行哀伤咨询的丧亲者最常提及的他们所体验到的身体感受。

1. 胃部空虚的感觉
2. 胸闷
3. 喉咙干燥
4. 对噪声过度敏感
5. 人格解体感:"我沿街道走着,感觉一切都不真实,包括我自己。"
6. 呼吸急促,呼吸困难
7. 肌肉乏力
8. 精力不足
9. 口干舌燥

很多时候,生者都很担心这些身体感受,他们可能会去找医生做做检查。如果他们去找医生的话,医生需要在进行诊断评估时询问有关死亡和丧失的经历。

认知

哀伤经历中有很多典型的思维模式。有些想法在哀悼初期会比较常见,一段时间后这些想法会消失。但是，这些想法有时会持续很长时间并触发那些会引起抑郁或焦虑的感受。

不相信

"这件事没有发生。肯定是哪个地方出了问题。我不敢相信这真的发生了。我不想相信这真的发生了。"这些都是人们刚听到死讯的第一时间会出现的想法，尤其是面对突发性死亡事件时。一位年轻的丧夫者告诉我："我一直在等待有人叫醒我，告诉我这一切都是在做梦。"另一位说道："虽然我丈夫已经病了一段时间，但他的去世仍然让我震惊不已。你从来不会在这方面做好了准备。"

混乱

许多近期丧亲的人提到自己的思维很混乱，他们似乎不能整理自己的思维，无法集中注意力，或者常常健忘。我曾经在波士顿参加一个晚间的社交活动，结束后叫了一辆出租车送我回家。在司机沿路开车时，我告诉他我要去哪儿，然后在后排就座。不一会儿，司机又问我要去哪儿。我猜想他可能是个新手司机，对这座城市不大了解，但是他跟我提到他脑子里充斥着很多想法。过了一小会儿，他再次问我要去哪儿，然后向我道歉说他感觉非常混乱。在整个行车过程中，他又问了我好几次，最后，我下定决心，不妨问问他脑子里在想些什么。他告诉我，他的儿子上周死于一场交通事故。

先占观念

这一反应可能是有关逝者的强迫性想法，常常包括有关如何让逝者复活等。有时，先占观念会以逝者正在受苦或死去的侵入性想法或图像的形式出现。在我们的哈佛儿童丧亲研究中，那些突然失去伴侣，而且与伴侣关系高度紧张的幸存父母出现了最多的侵入性想法（Worden，1996）。反刍思维是另一种形式的先占观念。使用反刍这种应对方式的人会持续且反复思考他们的感受有多糟糕，并思考促使这些感受发生的环境及状况（Eisma et al.，2015；Nolen-Hoeksema，2001）。

临场感

这是渴求在认知层面的表现。处在哀伤中的人可能会认为逝者仍然存在于当下的时间和空间中。这种感觉在死亡刚刚发生后更为真切。在我们对丧亲儿童进行的研究中，81%的儿童在父母死亡发生四个月后感觉到死去的父母在注视着自己，其中许多儿童（66%）在两年后仍然存在这样的感受。一些儿童从这种父母仍然存在的感受中得到了安慰，另一些人却被这种感受吓到了（Worden，1996）。

幻觉

我在正常行为清单中列入了幻视和幻听，因为幻觉是丧亲者很常见的体验。这些暂时性的幻觉体验常常出现在丧失后的前几周，而且一般不会导致更为艰难或复杂的哀悼体验。虽然幻觉的出现会让一些丧亲者感觉不安，但对许多人来说，幻觉可以给他们带来安慰的感觉。考虑到神秘主义与灵性主义，思考这些感觉到底真的是幻觉，抑或可能是一些超自然现象，是很值得关注的（Kersting，2004）。

思维和感受之间的相互作用显而易见，这恰恰也是当今认知行为学和认知疗法的兴趣所在。阿伦·贝克（Aaron Beck）和他在宾夕法尼亚大学的同事（1979）发现，抑郁性的思维模式常常会触发抑郁体验。诸如"离了她我没法活下去"或"我再也找不到爱情了"这类的特定想法会出现在丧亲者的脑海中。接着，这些想法会触发他们产生非常强烈但正常的悲伤或焦虑的感受。

行为

正常哀伤反应中有若干特定的行为，涉及从睡眠和食欲方面的问题到心不在焉和社交退缩等方面。以下行为是丧亲者普遍提及的情况，这些情况会随时间推移而自行好转。

睡眠问题

对处于丧失初期的人来说，出现睡眠问题的情况并不罕见。这些问题可能包括难以入睡或早醒。睡眠问题有时需要药物干预，但是在正常哀伤中，这些问题往往会自行好转。在哈佛儿童丧亲研究中，1/5 的儿童在父亲或母亲死亡后的最初 4 个月里出现了一定程度的睡眠问题。在没有任何特殊干预的情况下，在父母死亡发生一两年后，这一数字有所下降，与非丧亲儿童睡眠问题发生率没有显著差异（Worden，1996）。

比尔在妻子突然去世后，每天早上五点就会醒来，内心充满无尽悲伤，一次又一次地回想妻子死亡的情景，以及可以如何避免死亡发生，包括他本来可以做哪些不同的事情。这样的状况出现在一个又一个早上，比尔无法好好工作，很快成为一种困扰。大约六个星期后，他的睡眠问题开始自行好转，最终这种困扰消失了。这种情况并不罕见。然而，如果睡眠障碍持续存在，则可能预示着丧亲者存在更严重的抑郁障碍，必须进行进一步了解（Tanimukai et al.，2015）。睡眠障碍有时代表着各种各样的恐惧，包括对做梦的恐惧、对独自躺在床上的恐惧、对醒不来的恐惧等。一位女性在丈夫死后，通过把她的狗带上床陪自己睡觉来解决对独自躺在床上的恐惧。狗呼吸的声音可以给予她安慰，她这样做了差不多一年，直到可以一个人睡觉才停下来。

进食问题

丧亲的动物会出现进食问题，这一问题在人类哀悼情境中也非常普遍。虽然食欲问题可能表现为进食过多和进食过少，但在哀伤行为中，进食过少要更多一些。进食模式的变化会引起体重的明显变化。

分心和心不在焉的行为

刚刚经历丧亲的人可能会发现自己做事心不在焉，或者做出一些会给自己带来不便或造成伤害的事情。一位来访者就被这样的情况困扰，她曾经有三次开车去办事，办完事后，她忘记了自己是开车来的，反而乘坐公共交通工具回家了。她这样的行为是在一位密友去世后出现的，之后自行好转了。

社交退缩

遭受了丧失的人想要远离其他人的情况不在少数。我想再次强调的是，这种现象是暂时的，会自行好转。我曾为一位刚刚失去母亲的年轻女性做咨询。她是个社交达人，喜爱参加派对。在母亲去世后的最初几个月里，她拒绝了所有派对邀请，因为参加这些活动跟她哀伤初期的体验似乎有些不一致。对本书读者来说，这样的行为是容易及合理的，但是她却认为自己的社交退缩行为是不正常的。有些人会远离那些对自己过度关心的朋友。"我的朋友竭尽全力来关心我，我真想躲开他们。我已经说了无数次'对不起，我想一个人静静'了，你们能听见吗？"社交退缩也会表现为对外部世界丧失兴趣，例如不看报纸或电视。失去父亲或母亲的丧亲儿童在父母死亡后的最初几个月里也会出现社交退缩（Silverman & Worden，1993）。

梦见逝者

梦见逝者也是非常常见的，人们可能出现正常的梦境，也可能出现令人痛苦的梦境或梦魇。这些梦境有许多功能，可以为我们判断丧亲者处在哀悼的哪个阶段提供线索（Cookson，1990）。

例如，埃丝特多年来对母亲的死深感内疚。这种内疚情绪表现为低自尊、自我指责，并伴随着颇为强烈的焦虑。她每天都会去医院探视母亲，某次探视，就在她离开母亲去购买咖啡和小食期间，母亲去世了。

埃丝特陷入懊悔之中，虽然我们在治疗中使用了现实检验技术，她的内疚仍持续存在。治疗过程中，她做了一个关于母亲的梦。在梦里，她看见自己和母亲走在一条湿滑的小路上，她搀扶着母亲以防母亲摔倒。但母亲还是摔倒了，而梦里的埃丝特什么也做不了，无法救母亲。这显然是不可能发生的。这个梦成了治疗的重大转折点，因为她允许自己看到她无法做什么来阻止母亲的死亡。这一重要领悟让她允许自己摆脱这么多年来一直怀揣的内疚感。本书第6章将提到一些在哀伤咨询与哀伤治疗中如何利用梦境的方法。

回避与逝者相关的提醒物

有些人会回避那些触发痛苦哀伤感受的地方或事物。他们可能会回避逝者死亡的地方、墓地或提醒他们所爱之人已离世的物品。一位中年女性的丈夫在冠状动脉多次破裂后去世，留下她和两个孩子，她前来寻求哀伤咨询。有很长一段时间，她把丈夫所有的照片和其他会让自己想起丈夫的东西都放到柜子里。这显然只是暂时的解决办法。当她慢慢适应生活，哀伤慢慢缓解后，她把那些可以陪伴自己生活的东西拿了出来，并把丈夫的照片摆在钢琴上。

把与逝者相关的所有事物快速处理掉（例如全部捐掉，以任何可能的方式处置掉，甚至是快速处理掉遗体），可能会引发复杂性哀伤反应。这样的反应并非健康的行为，往往反映了丧亲者与逝者之间矛盾的关系——亲密与冲突共存的关系。矛盾的关系是哀悼的一个影响因素。

寻找与呼唤

鲍尔比和帕克斯都在著作中写了很多寻找行为。呼唤则与这种寻找行为相关。常常有人呼唤所爱之人的名字："约翰、约翰、约翰，回到我身边！"如果没有说出来，也会以默念的形式出现。

叹气

叹气是我们经常可以在丧亲者中发现的行为。这种行为与呼吸急促的身体感觉有关。麻省总医院的同事在一小群丧子父母中进行了呼吸系统检测，发现他们呼吸中的氧气和二氧化碳含量与抑郁症患者相似（Jellinek, Goldenheim, & Jenike, 1985）。

坐立不安的过度活跃

我们发现在哈佛丧亲研究中，许多丧夫者在丈夫去世后进入了坐立不安的过度活跃状态。上文中我们提到的那位丈夫留下了她和两个青春期孩子的丧夫者，她无法忍受待在家里。她会开车在城里到处跑，从而减轻坐立不安的感觉。另一位丧夫者白天可以待在家里，因为有很多事情可以做，但是一到晚上她就要从家里逃离。

哭泣

一种猜测是眼泪具有潜在的疗愈价值。压力会引起体内化学物质失衡，有些研究者认为眼泪有助于人们清除有毒物质，重建体内平衡。他们假设由情绪压力引发的眼泪中的化学物质与眼部受到刺激产生的眼泪中的化学物质有所不同。研究者通过检测发现，由情绪引发的眼泪中含有儿茶酚胺，这是一种由大脑产生的可以改变情绪的化学物质（Frey, 1980）。眼泪的确可以缓解情绪压力，但眼泪如何缓解情绪压力仍然是个未解之谜。后续研究需要探讨压抑眼泪可能带来的有害影响。马丁（Martin, 2012）撰写了一篇题为《没有眼泪出口的哀伤会让其他器官哭泣》（Grief That Has No Vent in Tears Makes Other Organs Weep）的论文，他是一位与经历创伤性事件的丧亲个体和丧亲家庭工作的助人者。这篇论文让我们了解到，没有得到情绪和认知加工的创伤性经历会通过身体表现出来。

到访可以想起逝者的地方、随身携带可以想起逝者的物品

这一行为与回避与逝者相关的提醒物的行为恰好相反。通常情况下，丧亲者这种行为背后蕴藏着其对失去与逝者有关记忆的恐惧。一位丧夫者告诉我："我害怕忘记他的脸，整整两个星期里，我都随身携带着他的照片。"

珍视属于逝者的物品

一位年轻女性在母亲死后不久就从母亲的衣柜里带了许多衣物回家。她们穿的衣服尺寸一样，所以女儿会穿母亲的衣物。虽然听起来很节俭，但真相是如果不穿母亲的衣物，她就会感觉不舒服。随着哀悼进程的发展，她对穿着母亲衣物的需求越来越小。最后，她把母亲的大部分衣物都捐给了慈善机构。

我之所以如此详细地列出这些正常哀伤的特征，是希望读者可以看到丧失后相关行为和体验的多样性。当然，一个人不可能出现上文中所有的反应。但是，对丧亲咨询师来说，理解正常哀伤所涵盖的种类繁多的行为非常重要，这样他们就不会将原本正常的行为看作是病理性的。这些知识可以让咨询师帮助受到这些行为困扰的人打消疑虑，尤其是在这些人正经历人生中第一次重大丧失的情况下。不过，如果这些体验在丧亲过程中持续存在很长一段时间，则可能预示出现了更为复杂的哀伤（Demi & Miles，1987）。

哀伤与抑郁

许多正常哀伤行为看起来都有点像抑郁的表现。为了阐明该问题，让我们一起来看看有关哀伤与抑郁异同之处的争论。

弗洛伊德（Freud，1917/1957）在其早期题为《哀悼与忧郁》（Mourning and Melancholia）的论文中曾论述该问题。他指出，抑郁，或他所提到的忧郁，是一种病理性的哀伤，与哀悼（正常哀伤）非常相似，但抑郁有某些独特的特点，即对与自己存在矛盾关系的已故所爱之人有愤怒的冲动，而这一冲动转向了自我。哀伤的确看起来很像抑郁，哀悼过程也确实可能发展为抑郁症。克莱曼（Klerman & Izen，1977；Klerman & Weissman，1986）是抑郁症研究的先驱，他认为许多抑郁症是由丧失造成的，无论抑郁是在丧失后马上出现的，还是当患者在一段时间后想起丧失经历时出现的。抑郁可能也在哀悼过程中充当防御机制。当愤怒指向自我时，它也就不再指向逝者了，这可以让生者不必处理自己对逝者的矛盾情感（Dorpat，1973）。

哀伤与抑郁之间的主要区别如下：在抑郁和哀伤中，你都能看到睡眠问题、食欲问题和强烈悲伤等典型症状，但是在哀伤反应中，并不存在失去自尊这一问题，而该问题在临床抑郁症中普遍存在。也就是说，丧亲者在丧亲后不会失去对自己的尊重，如果出现这样的情况，也只是暂时的。如果丧亲者体验到了内疚，这种内疚往往也是与丧失某些特定方面相关的，而非一种影响各个方面的自罪感。即使哀伤与抑郁具有相似的客观和主观特征，二者也是不同的情况。抑郁与哀伤有所重叠，但并不相同（Robinson & Fleming，1989，1992；Wakefield & Schmitz，2013；Worden & Silverman，1993；Zisook & Kendler，2007）。弗洛伊德认为，处于哀伤中的人觉得世界看起来可怜且空虚，处于抑郁中的人则感觉自己很可怜且空虚。贝克等人（Beck et al.，1979）以及其他认知治疗师找到了二者在认知方式上的区别，他们认为抑郁的人对自己、对世界和未来持有负面评价。虽然丧亲者也会持有这些负面评价，但这些评价更多是暂时性的。

然而，确实有一些丧亲者在丧失后经历了重性抑郁发作（Major Depressive Episodes，MDE；Zisook & Kendler，2007；Zisook，Paulus，Schucter，& Judd，1997；Zisook & Shuchter，1993，2001）。最新版的 *DSM-5*（美国精神病学协会，2013）也纳入了该区分点。早前版本的 DSM 中有一个丧亲后两个月排除标准，该标准要求在死亡事件发生两个月后才能对当事人下抑郁症的诊断，而茨苏克等人（Zisook and colleagues，2012）积极推动了对该标准的废除。茨苏克和同事认为："大量数据表明，与丧亲相关的抑郁与其他情况下的重性抑郁发作并无差别；二者均受到遗传因素的影响，更可能出现在具有重性抑郁发作个人史和家族史的人身上，患者具有相似的人格特征和共病模式，病程更长、更容易复发，也都可以用抗抑郁药物进行治疗。"丧亲后出现的重性抑郁发作也属于复杂性哀悼的一种——夸大的哀伤（参见第 5 章）。

在耶鲁大学，很多研究者 [Jacobs, Hansen, Berkman, Kasi, and Ostfeld（1989），Jacobs et al.（1990），Jacobs, Nelson, and Zisook（1987）] 一直以来的研究兴趣都是丧亲背景下的抑郁。根据他们的说法："虽然大部分丧亲后的抑郁状况都是暂时性的，不需要专业人士的关注，但越来越多学者认识到，有些抑郁状况，尤其是那些在丧亲后持续了一整年的抑郁，在临床上是需要关注的。"（1987，p. 501）他们使用抗抑郁药物对那些丧亲后持续存在抑郁状况、没有自行缓解、且人际干预无效的患者进行治疗。这些患者通常具有抑郁症或其他精神障碍的病史。研究者发现抗抑郁药物治疗可以改善睡眠障碍、食欲问题、心境状况和认知情况。这反映了抑郁的生物学特征。

DSM-5 建议：

> 经历重大丧失（例如丧亲）后的反应可能包括强烈的悲伤感受、有关丧失的反刍思维、失眠、胃口差和体重减轻，这些反应与抑郁发作类似。虽然对经历丧失的人来说，出现这些症状是可被理解的，也是合理的，但也要特别注意在正常反应之外出现的重性抑郁发作。判断当事人是否满足重性抑郁发作的临床诊断，需要充分了解其病史及文化常模，即在丧失背景下，当事人所处的文化是如何表达痛苦的。(p. 95)

接触到急性哀伤期丧亲者的咨询师需要对丧亲者目前是否符合 *DSM-5* 中重性抑郁的诊断进行评估（美国精神病学协会，2013）。评估后，咨询师可以为重性抑郁患者提供额外的帮助，例如进行医学评估，甚至进行抗抑郁药物治疗等。抑郁状况在药物治疗中得到缓解后，治疗的关注点就可以转移到依恋关系的冲突上，因为这些冲突无法单独通过药物治疗来解决（Miller et al., 1994）。

如果哀伤被定义为丧失之后的体验，那么哀悼则是当事人在丧失之后所经历的适应过程。在接下来的两章里，我会详细介绍哀悼过程。

反思与讨论

- 本章介绍了术语哀伤、丧亲和哀悼的定义。这样的区分会让你更理解这一主题吗？你会如何修改这些定义？
- 正常的、非复杂的哀伤在①感受、②身体感觉、③认知和④行为方面的特点具有多样性。在你与丧亲者工作的过程中，哪些特点是最常见的？在你经历了重大丧失后，哪些特点是你体验到的？
- 丧亲者有时会感觉自己发疯了。本章介绍的哪些认知和情绪可以用来解释这种发疯的感觉？
- 类似随身携带属于逝者的物品的行为可能会让一些好心的家人和朋友认为丧亲者需要专业帮助。你可以如何向来访者说明这些行为是正常的，从而打消他们的疑虑呢？
- 用治疗重性抑郁症的方式来处理正常丧亲反应可能存在哪些问题？这些问题在临床实践中有多重要？为什么？

Grief Counseling
—and—
Grief Therapy

第 2 章

理解哀悼的过程

在这本书中，我将使用"哀悼"一词阐述丧失发生后，丧亲者接受丧失的过程。哀伤则是指个体面对丧失时的反应，包括思维想法、感受、行为，这些反应在人经历丧失之后，会随着时间的推移发生改变。鉴于哀悼是一个过程，不同理论家从多个角度对它进行过解读，主要包括阶段、时期、任务等视角。

阶段。理解哀悼过程的一种方式是使用阶段性视角。许多人在关于哀伤的研究中，列出的哀伤阶段多达 9 个，至少有一位研究者列出了 12 个阶段。使用阶段理论法来理解哀伤的难点之一在于，人们并不是按顺序逐个经历这些阶段。此外，缺乏经验的人可能会过分拘泥于阶段论。比如，人们对伊丽莎白·库伯勒·罗斯（Elisabeth Kübler-Ross）所提出的濒死阶段论的反应就体现了这种教条化的倾向，在她出版第一本书《论死亡和濒临死亡》（*On Death and Dying*，1969）之后，许多人希望濒死的患者按照罗斯书中所列出的整齐有序的顺序一一经历。患者跳过了某个阶段，还会让一些人感到失望。她描述的濒死顺序同样被用来描述哀悼的过程，但也带有同样的局限（Kübler-Ross & Kessler, 2005；Maciejewski, Zhang, Block, &

Prigerson，2007）。

时期。帕克斯、鲍尔比、桑德斯等人以及其他学者使用"时期"来理解哀伤的阶段。帕克斯为哀悼定义了四个时期。第一个时期是指刚丧失不久呈现的麻木麻痹时期，大部分生者都体验过这种麻木感，而这种麻木感可以帮助他们在丧亲之后从丧亲的事实中抽离出来，哪怕只有一小段时间。之后个体会经历第二个时期，这是一个思念的过程，在这个过程中他会渴望离世的亲人回到自己身边，并且会试图否认丧失的发生。愤怒也会在这一阶段中扮演重要的角色。第三个时期，个体会经历混乱和绝望的时期，丧亲者可能会发现自己难以应对周围的环境。最后，他会进入第四个时期，这是一个重建行为、重新将生活整合在一起的时期（Parkes，1972；Parkes & Prigerson，2010）。鲍尔比（Bowlby，1980）的兴趣和研究领域与帕克斯一样，他也强调时期的概念，并认为哀悼者必须经历一系列类似的时期才能最终解决哀悼。和阶段论类似，不同时期会有所重叠，且鲜有明确的界限差别。

桑德斯（Sanders，1989；Sanders，1999）同样使用了"时期"的概念来描述哀悼的过程，她阐述了5个时期：震惊、意识到丧失、保护性退缩、复原和重新开始。

任务。虽然我并无意反对帕克斯、鲍尔比、桑德斯等人关于时期的概念假设，但我认为我在书中所阐述哀悼任务的概念与他们的假设对于理解哀悼过程同样有效，并且对临床工作者来说更为有用。时期显示出一种被动的、哀悼者必须要经历的过程。"任务"则更接近弗洛伊德关于哀伤过程的概念，而且揭示哀悼者是可以采取行动做些什么的。同时，这种方法揭示了哀悼是可以从外部被影响甚至干预的。换言之，时期的概念让哀悼者可以将哀悼视为一个必经的过程，而任务能让他们感到自己能在其中发挥一些作用，能获得些许解脱感，并可以期待有一些可以做的事情能够帮助自己适应这种痛失所爱的情况。

上述两种理论都是明显有效的。哀伤是需要时间的。然而，关于"时间治愈一切"这句老生常谈，却只有一部分是事实。治愈与否取决于哀伤者在这段时间里做了什么。同样是事实的是，哀悼的过程创造了一些需要被解决的任务，尽管这对于面临急性哀伤的哀悼者而言可能是很难承受的。治疗师使用任务法，可以给哀悼者提供希望，让他们觉得自己可以做一些什么，并且有办法摆脱这种痛苦的状态。这可以有效缓解很多哀悼者都会经历的无助感。

人类所有的成长和发展都可以看作被多种发展性任务影响的过程。这些过程在儿童的成长和发展中表现得更为显著。根据著名发展心理学学者罗伯特·哈文赫斯特（Robert Havinghurst，1953）的研究，儿童成长过程中存在确定的发展任务（精神的、心理的、社交的和情感的）。如果儿童不能完成某一低发展水平的任务，那么他在试图完成更高水平的类似任务时，适应性将会受损。

我借鉴发展心理学的观点，发现哀悼作为对丧失的适应，也包括了四项基本的任务，在下文中有所论述。很关键的是哀伤者能够应对这些任务以适应哀伤。哀伤者在失去所爱之后会通过不同的适应方式来应对。一些人适应得好一些，一些人适应得弱一些。尽管这些任务并不需要按照特定顺序进行解决，但在定义上仍存在一些顺序。举例而言，在你第一次意识到丧失的确已经不可挽回地发生，且此生已无法逆转之前，是无法应对丧失带来的情感影响的。由于哀悼是一个过程而不是一个固定状态，所以完成后续的任务需要某些努力。然而，并不是我们经历的每一次死亡事件，都会以同样的方式挑战这些任务。哀伤是一个认知过程，涉及重新建构关于逝者的想法，包括丧亲者对逝者、对丧失经历及对已被改变的世界在内的想法都会受到冲击和重建（Stroebe，1992）。一些人会将这个过程称为哀伤工作。

哀悼的任务

任务1：接受逝者已逝的事实

当有人离世，即便是预料之中的死亡，也会给人带来不真实感，感觉丧失并没发生。哀悼的第一项任务是直面逝者已经去世的事实，他不会再回来了。接受这一现实的一部分就是要相信重聚是不可能的，至少此生如此。鲍尔比和帕克斯曾论述过寻找的行为，这一行为直接关系到第一项任务能否成功完成。许多经历了丧失的人发现他们会寻找逝者，或在生活中把其他人误认为逝者。他们在街上走着，瞥见一些能让他们想起逝者的人时，他们需要提醒自己："不，那不是我的朋友。我的朋友真的已经去世了。"琼·狄迪恩（Joan Didion）在她丈夫去世后经历了这种情况，并将其记述在她的《奇想之年》（*The Year of Magical Thinking*, 2005）中。

接受丧失现实的反面是拒绝相信和否认。一些人拒绝相信死亡是真实的，他们会停滞在哀伤的第一项任务中。拒绝可以在多个层面上存在，也有很多种表现形式，最常见的是拒绝丧失的事实、丧失的意义及丧失的不可逆转（Lunghi，2006）。

拒绝丧失的事实有多种程度，从轻微的扭曲到完全的妄想。一种通过妄想来否认丧失的罕见情况是，哀伤者会先将逝者的遗体在家停放几天再告知大家。加德纳和普理查德（Gardiner & Pritchard，1977）描述了六个有这种不寻常行为的案例，我自己也曾见过两个。这样做的人要么是明显的精神病患者，要么是性格古怪且离群索居的人。

更有可能发生的情境是，个体会经历杰弗里·戈尔（Geoffrey Gorer，1965）所说的木乃伊化（mummification），也就是说，丧亲者会像保存木乃伊一样，将逝者的遗物保存良好，以备逝者回来时使用。一个经典的案例是维多利亚女王在她的丈夫阿尔伯特亲王去世后，每天都会把他的衣服和剃须刀拿出来，还会在皇宫里四处走动并与他讲话。失去孩子的家长也经常会在孩子去世后仍让孩子的房间保留原样。如果丧亲者在短时间内有这样的状态并非不正常，但持续很多年则会发展成否认现实。一个关于扭曲而非妄想的例子是，一个人认为逝者附身在他的孩子身上。这种扭曲的想法可能会减缓丧失带来的冲击，但是很少能带来满足感，并且妨碍丧亲者接受逝者已逝的现实。

　　人们保护自己免受现实刺激的另一种方式是否认丧失的意义。这样，丧失的影响可以显得比实际更小一些。像"他不是一个好父亲""我们没有那么亲密"或者"我并不想念他"等叙述是很常见的。一些人会在丧失后很快抛弃逝者的衣物和其他能让他们想起逝者的个人物品。抛弃这些提示物与木乃伊化是相反的，是最大限度地减少丧失的影响。似乎生者通过这种不保留纪念品的方式可以保护自己不用面对这种丧失的现实。这种现象在经历创伤性死亡事件后并不罕见。我曾与一位女士面谈，她的丈夫因轻症疾病住院却心脏病发作并死去，她就这样突然失去了丈夫。直到他所有的东西都被搬出房子，她才回了家。她迫不及待地等待春天来临，让他留在雪地中的脚印消失。这种行为并不常见，通常源于与逝者带有冲突的关系（关于冲突关系哀悼的补充信息可参见第6章）。

　　还有一种否认丧失的完整意义的方式是选择性遗忘。例如，盖瑞在他12岁那年失去了父亲。这些年来，他在脑海中屏蔽了关于他父亲的事情，甚至是一个视觉形象。他上大学之后第一次来到治疗室的时候，甚至没有办法想起父亲的面庞。接受了一个疗程的治疗后，他不仅能够回忆起父亲的样子，还能在毕业典礼上领奖时感受到父亲的存在。

　　一些人通过否认死亡不可逆转来阻碍第一项任务的完成。电视节目《60分钟》(*60 Minutes*)播出的一个故事就是很好的例子。它讲述了一个中年家庭主妇在一次家里失火的事故中失去了自己的母亲和12岁的女儿。在丧失后最初的两年里，她每天都对自己大声地说起女儿，"我不想让你死，我不想让你死，我不会让你死！"治疗中有一部分就是咨询师要求她面对女儿已经死亡并且再也不会回来的事实。

　　另一个否认死亡真实性的策略包含了宗教通灵。期待与逝者的团聚是一种常见的感受，尤其是在丧失最初数天和数周。然而，长期期待这种团聚并不正常。帕克斯（Parkes，2001）阐述道：

通灵术号称可以帮助哀伤的人寻找逝者，在我研究中的有 7 位哀伤者描述他们曾去过通灵场所或灵性教会。他们的反应是复杂的——有些人感到与逝者产生了某种联结，有些人对此感到害怕。总体而言，他们对此次经历并不满意，没有人成为通灵会面的常客。(pp. 55-56)

一篇有趣的文章呈现了美国和英国通灵术的历史和现在。作者访谈了许多通灵聚会参与者。尽管许多人最初参加聚会是为了查明所爱之人是否得到了安宁，或是希望听到来自另一个世界的建议，大部分受访者持续参与这种通灵论者聚会，是因为他们喜欢在团体中发现价值感和友谊（Walliss，2001）。

接纳丧失现实需要时间，因为这不仅是智力认知上的接纳，还有情感上的接纳。许多缺乏经验的治疗师没有意识到这一点，他们过度聚焦在认知接纳上而忽略了情感接纳。哀悼者可能在认知上能够意识到丧失就是最终的结局，但是在很长一段时间里都无法从情感上接纳。我的哀伤辅导小组里有一个女士，她每天早上醒来都会把手探向她丈夫那半边的床，看看他是不是在那里。她知道他不会在那里，但仍希望他会在，尽管他 6 个月前就已经离世了。

要相信自己所爱之人仍是出了远门，或者只是又去了医院是一件很容易的事。有一位护士，她年迈的母亲在医院做了心脏搭桥手术，她曾见到自己的母亲毫无活力地躺在床上，身上插满了管子和其他医疗设备。在母亲去世后长达数月的时间里，她仍坚信母亲在医院为手术做准备，因而无法在她生日的时候联系她。当别人问起她母亲时，她也是这么告诉其他人的。另一位因意外事故失去儿子的母亲，比起相信儿子已经去世了，她更愿意相信他和去年一样在欧洲没回来。

当一个人想拿起电话分享一些经验时，却想起所爱之人不会在电话那头，这种现实的打击是十分沉重的。许多丧子的父母需要花费数月之久才能说出"我的孩子已经去世了，我再也无法拥有他了"。他们可能会在看见孩子在街上玩，或是看见校车经过时对自己说："我怎么能忘记孩子已经去世了呢？"

在一个人努力解决这项任务时，会经历相信和怀疑的交替出现。克鲁伯、吉诺维斯和克鲁伯（Krupp, Genovese, and Krupp, 1986）曾阐述过这种现象：

> 哀悼者似乎受到现实的影响，表现出自己好像完全接受了逝者的离开；在其他时候，他们在最终团聚幻想的影响下，表现出不理智的行为。他们会把愤怒指向所爱之人、自己和他们认为导致丧失发生的人，甚至是让他们想起丧失已成事实的好心祝福者，这种情况是很普遍的。(p. 345)

艾弗里·韦斯曼（Avery Weisman, 1972）将另一种形式的怀疑称为"中间知识"（middle knowledge）。这是一个从存在主义哲学中借鉴的词语，中间知识阐述的是一种同时知道但又不知道的状态。你会发现这种现象存在于绝症患者身上，他们对自己命不久矣的状态是同时知道又不知道的。同样，处在哀伤之中的哀悼者可能同时相信但又不相信丧失这个事实。

尽管着手解决哀悼的第一项任务需要时间，但一些传统的仪式，例如葬礼，可以帮助许多丧亲者走向接纳。没有出席葬礼的人则可能需要外在的方式来确证死亡的真实性。突发性死亡事件会让人产生不现实感，特别是生者没有见到逝者的遗体时，很难接受逝者已经死亡这一事实。我们在哈佛儿童丧亲研究中发现，突然失去伴侣的人会在死亡事件发生之后几个月内经常梦到逝去的伴侣。梦到逝者依然活着，这不是简单地满足一种对团聚的期待，而是大脑通过梦境和梦醒时分回到现实的强烈对比来确证死亡的真实性（Worden, 1996）。

任务 2：处理哀伤的痛苦

德语中的"疼痛"（schmerz）一词很适合用来阐述这种痛苦，因为它广泛的定义包括了许多人体验到的切实的生理痛苦，以及与丧失相关的情绪和行为上的痛苦。识别和处理这种疼痛是十分必要的，否则它可能会发展成躯体化症状或者一些异常行为。帕克斯（Parkes, 1972）曾对此进行阐述：

"如果经历哀伤的痛苦对于丧亲者完成哀伤任务而言是不可或缺的，那么任何会持续让丧亲者避免或抑制这种痛苦的行为都会延长哀悼的过程"（p. 173）。

并不是所有人都会体验到一样或者相似强度的痛苦，但是如果你失去了一个深深依恋的人，几乎不可能体验不到某种程度的痛苦。刚经历丧失的人通常没有准备好面对丧失带来的情绪的力量和本质（Rubin，1990）。一些痛苦的类型和它们的强度会被一些因素影响，这些因素将在第 3 章中呈现。另外，最近关于依恋类型的研究也指出，有些人会在死亡事件发生后感受不到痛苦。一个原因是他们没有让自己与他人产生依恋联结，并表现出一种回避－疏远型的依恋（Kosminsky & Jordan，2016）。

社会和哀悼者之间一些微妙的相互作用会让第二项任务变得更加困难。社会可能会对哀悼者的感受表现出不舒服、不接纳，从而会传达出"你不需要哀伤，你只是为自己感到难过"的意思。那些想帮助哀悼者的人还会说些陈词滥调，例如"你还年轻，你还能再有一个孩子""生者还要继续生活，他不会想看到你这样难过的"，这些言论常会被用来表达人们想要帮忙的意愿。这些论调会和哀悼者自己的防御相结合，形成对自己需要哀悼的否认，会觉得"我不应该有这种感觉"或"我不需要哀悼"（Pincus，1974）。杰弗里·戈尔（Geoffrey Gorer，1965）注意到这种现象并且进行了阐述，"向哀伤妥协被污名化为一种病态的、不健康的、令人丧失精神的行为。朋友或好心人恰当的反应能帮助哀悼者跳出他的哀伤"（p. 130）。

否认第二项任务（处理哀伤的痛苦），会使人们不去感受（not feeling）。人们可以通过很多方法回避体验第二项任务。最明显的反应就是隔绝自己的情感并且否认自己正处于痛苦之中。一些人通过回避痛苦的想法来压抑隐藏这个过程。他们通过停止思考将自己与丧失相关的烦闷不安隔绝。一些人通过只激活与逝者有关的快乐想法来应对，这能保护他们远离不愉快的想法。将逝者理想化、回避能让自己想起逝者的线索，或使用酒精或药物都是人们用来回避应对第二项任务的方式。

一些不愿意体验到哀伤痛苦的人会尝试地理疗法（geographic cure）。

他们四处旅行，试图从情绪中解脱。和允许自己处理痛苦恰恰相反，他们不允许自己去经历痛苦——不允许自己感受痛苦，从而也无法理解这些痛苦终有一天会过去。

一位年轻女性通过相信她的兄弟自杀后脱离了他的黑暗处境并抵达了一个更好的地方，使自己的丧失最小化。这或许是真的，但这也让她回避了对于兄弟弃她而去产生的愤怒。在治疗中，当她第一次允许自己感到这种愤怒，她说："令我生气的是这种行为，并不是他！"最终，通过空椅子技术，她能够认识到这种愤怒其实是直接指向他的。

在一些生者的例子中，他们对于死亡有一种非常愉快/兴奋的反应，但这通常与严重拒绝相信死亡事件已经发生的信念有关。这通常伴随着对逝者仍在身边的生动感知。总体而言，这样极端的反应是非常脆弱而短暂的（Parkes，1972）。

鲍尔比（Bowlby，1980）曾说，"或早或晚，一些回避了所有有意识哀伤的人，通常会在某种形式的抑郁的伴随下崩溃"（p. 158）。哀伤治疗的一个目的就是帮助人们完成这艰难的第二项任务，以防他们在之后漫长的一生中都背负着这样的痛苦。如果哀悼者的第二项任务没有被充分的解决，那么之后他可能需要进行干预治疗，到那时再回溯曾回避的痛苦并对其进行处理会变得更为困难。此外，那时所能获得的社会系统支持会比丧失发生的那段时间少，这也会导致处理起来更复杂。

我们倾向于将哀伤的痛苦理解成悲伤和烦躁不安。的确，很多哀伤的痛苦都属于这类情况。但此外，还有一些与丧失有关的情感是需要处理的。焦虑、愤怒、内疚、抑郁和孤独感都是哀悼者常见的感受。在第4章中，我们将阐述如何对这些情感进行干预。

任务3：适应一个没有逝者的世界

在经历了所爱之人的死亡后，人需要从三个方面做适应。其中包括外部的适应，或者说死亡事件如何影响个体在世上的日常生活；内部的适应，也就是死亡事件如何影响个体对自我的感知；还有精神适应，或者说死亡事件如何影响个体的信念、价值观、关于世界的假设和认识。我们来分别看看这几种适应。

外部适应

适应一个没有逝者的新环境，对不同的个体而言有着不同的意义，这取决于个体与逝者之间的关系以及逝者在其中扮演着怎样的角色。而许多丧夫者需要花费大量的时间才能意识到没有丈夫的生活是怎样的。这种意识通常开始萌生于丧夫后的3~4个月，并且丧夫者不得不接受独自生活，独自抚养孩子，面对空荡荡的房子，独自处理财务等。帕克斯（Parkes，1972）曾经发表过一个重要观点：

> 在任何丧亲之痛中，我们都很难去明确丧失究竟是什么。举例而言，失去丈夫或许某种程度上意味着失去一个性伴侣、伙伴、会计师、园丁、育儿保姆、观众等，这些都取决于平时丈夫担任的是怎样的角色。（p. 7）

生者在失去逝者之前通常不会意识到他所扮演的所有角色。

许多生者很讨厌自己不得不学习新的技能，并承担起原来由伴侣扮演的角色。一个例子是丧偶的年轻母亲玛格特。她丈夫是非常高效的，能掌控和负责各种情况，也为她做了绝大部分的事情。在他去世后，他们的一个孩子在学校惹了麻烦，需要家长去学校和教导员进行会面谈话。从前她丈夫会联系学校并处理所有事情，但是他去世后玛格特被迫要发展自己这项技能。

尽管她并不情愿，甚至带着一点怨恨去做这件事，但她还是意识到，其实自己喜欢有能力并能够胜任这种局面，而丈夫还在世的时候，她是没有机会去完成类似事情的。通过看到丧失对生者有何助益来重新定义丧失，这一应对策略通常是成功处理第三项任务的一部分。为丧失赋予意义和从丧失中寻找有益的收获是丧失发生后生者寻找意义的两个方面，也是与寻找死亡带来的益处紧密相关的。

目前，内米耶尔（Neimeyer，2001；Neimeyer，2016）和其他许多研究者所支持的一个理论是，经历丧失之后，个体需要去建构意义。哀伤的死亡会挑战个体对自己、他人及世界的认识，故此，建构意义是一个重要的过程。死亡可以摧毁一个人生活的目标，面对丧失时，生者探索和发掘新的意义是非常重要的（Attig，2011）。

内部适应

哀悼者不仅需要适应逝者原有角色的丧失，死亡事件也令个体必须面对调整自我概念的挑战。我们所谈的不仅仅是将自己看待为丧夫者或丧子父母，更重要的是，死亡事件是怎么样影响自我定义、自尊和自我效能感的。一些研究指出，对于通过关系和照顾他人来定义自己的女性而言，丧亲不仅意味着失去一个重要他人，同时意味着失去了一部分的自我（Zaiger，1985）。对于这些女性而言，哀伤的一个目标是让她们感受到自己是一个完整的自我（self），而非伴侣关系中的一半。一位找我做咨询的丧夫者曾有一年的时间在屋子各处走，并问："杰克会怎么做？"在丈夫去世第一年纪念日之后，她告诉自己他并不在这里了，她现在可以问："我会怎么做？"

有些个体对自尊的感知是建立在一些依恋关系上的。有些人认为这是安全的依恋。当个体有这样的依恋而依恋对象又去世了的话，哀伤者会经受有关自尊的严重创伤。如果逝者曾弥补了哀悼者生命中的重大发展缺失时，则尤其如此。伊斯特曾有过一段短暂的婚姻，之后她嫁给了厄尼。伊斯特来自一个充斥着情感虐待和身体虐待的家庭。她从未感受过归属感，而厄尼给她提供了一个让自己感觉被需要的环境。

在厄尼突然离世之后，"再也没有人像厄尼一样爱我了，我再也找不到属于自己的地方了"这样的想法引发了伊斯特的严重抑郁。

哀伤同样可能影响个体的自我效能感——人们感觉自己在多大程度上可以控制发生在自己身上的事情。这会导致严重的退行问题，即哀悼者认为自己是无助的、能力不足的、不能胜任的、孩子气的，或人格崩溃的（Horowitz，Wilner，Marmar，& Krupnick，1980）。

哀悼者尝试填补逝者留下的角色空缺可能会失败，这会导致其出现更低的自尊。这些情况的发生会使自我效能感受到挑战，人们可能会将所有改变都归因于机遇或命运，而不是归因于自己的力量和能力（Goalder，1985）。

阿提戈（Attig，2011）强调了在死亡事件之后，生者重新认识世界，特别是死亡事件对个体自我感知的影响的重要性。对于哀悼者而言，内在任务是识别"我现在是谁""爱他让我有什么不同"等问题。随着时间的推移，消极意象通常会让步于积极意象，生者将会继续他们的生活并学着用新的方式应对世界（Shuchter & Zisook，1986）。

精神适应

适应的第三个方面是个体对世界的认知。内米耶尔、普利格森和戴维斯（Neimeyer，Prigerson，Davies，2002）曾写道，哀伤是想要重建因丧失而被挑战的有意义的世界。这会带来两项任务：第一，消化死亡这件事，从中找出意义和其对哀悼者后续生活的影响；第二，了解生者与逝者之间关系的背景故事，以此重建生者与逝者的持续性联结。

死亡事件可以动摇一个人设想中世界的基础。死亡事件导致的丧失可以挑战个体基本的生活价值观和哲学信念，也就是那些会被家人、同伴、教育、宗教以及生活经验影响的信念。丧亲者感觉自己失去了生活的方向并不罕见。丧亲者会寻找丧失及随之而来的生活变化的意义，以便理解丧失并重新获得对生活的某种掌控。贾诺夫－布尔曼（Janoff-Bulman，1992；Janoff-Bulman，2004）指出了三种经常被所爱之人的死亡挑战的基本假设：世界是一个慈爱的地方，世界是有意义的，以及个体是有价值的。2001 年的"9·11"事件，挑战了这三项基本认知，甚至挑战了更多的意义。

暴力和非正常的死亡中也会存在这些挑战。在街头枪击案中失去年幼孩子的母亲通常会挣扎于为什么上帝允许这样的事情发生。一个人曾经告诉我："我一定是一个糟糕的人，这样的事情才会发生"。

伯克和内米耶尔（Burke，Neimeyer，2014）曾经阐述过这种复杂性精神哀伤现象（complicated spiritual grief，CSG）。CSG通常出现在暴力性死亡和突发性死亡让个体失去所爱之人后，例如大规模枪击事件。这样的死亡会让哀悼者的生活出现精神危机。这种危机可能导致哀悼者出现①对上帝的怀疑和怨恨；②对于所得到精神支持的不满；以及③哀悼者精神信念和行为的重大变化。

并不是所有死亡都会挑战个体的基本信念。一些死亡是在预料内的，且能验证我们猜想的。年迈者在经历了舒适的一生之后的自然死亡就是这种例子。

对于很多人而言，亲人死亡的原因没有明确的答案。年轻儿子死于1988年泛美航空103航班坠机事件（洛克比空难）的一位母亲说道："这不是关于如何找到答案，而是如何不带答案地继续生活下去。"随着时间的推移，新的信念可能会被采纳，或者旧的信念得以重新确认或修正，都反映出对生命脆弱性和控制有限性的理解（Neimeyer，2003）。

遏止第三项任务会让人无法适应哀伤。人们通过一些方式与自己进行对抗，如增加自己的无助感，不发展自身所需要的技能，或者回避这个世界，不去面对环境中的要求等。然而，许多人并不会采用这种消极做法。他们通常认为他们需要承担起自己并不习惯的角色，发展之前没有的技能，在对自己和世界的重新评估中前行。鲍尔比（Bowlby，1980）这样总结道：

> 这项任务（第三项任务）的完成与否会影响人哀悼的结果——要么认识到已发生改变的环境，修改自己的表征模型并重新定义人生目标；要么被自己无法解决的困境所缚，陷入成长停滞状态。(p.139)

任务4：寻找一个纪念逝者的方式，同时步入接下来的生活

在我撰写本书的第1版时，我将哀悼的第四项任务定义为从逝者那

里收回情感能量并重新将其投入其他关系中。这个假设概念由弗洛伊德（Freud, 1917; Freud, 1957）提出，他认为"哀悼是一项精准的心理学任务：它的功能是将生者的希望和回忆从逝者身上解离出来"（p. 268）。我们现在知道了人们不会与逝者断绝关系，而是会找到纪念逝者的方式。有时这种纪念和联结会被称为持续性联结（Klass, Silverman, & Nickman, 1996）。在本书的第 2 版和第 3 版中，我都提出了哀悼的第四项任务是寻找合适的地方能让哀悼者纪念逝者但又不会阻碍他继续生活。我们需要找到怀念的方式，也就是要记住逝者——让他与我们同在，但依然继续自己的生活。在此版次中，我重新阐述了第四项任务：在继续人生旅程的过程中找到一种方式来纪念逝者。这是更加准确的描述第四项任务的方式。

在哈佛儿童丧亲研究中，我们很意外地发现大量儿童保持了与逝去父母的联结，方式是通过与逝去父母交谈、思念父母、梦到他们以及感知到被父母注视着。在父母死亡事件发生两年后，2/3 的孩子仍然感觉他们被逝去的家长注视着（Silverman, Nickman, & Worden, 1992）。克拉斯（Klass, 1999）曾与丧子父母工作了很多年，也证明了家长与逝去孩子保持某种联结的需要。

沃尔坎（Volkan, 1985）曾建议道：

> 哀悼者永远不会彻底忘记逝者曾经在生活中有很重要意义，而且不会彻底收回他对逝者心理表征的投入。我们永远不能将与自己亲近的人从我们的历史中清除出去，除非是通过那些会破坏我们的自我身份的精神创伤。（p. 326）

沃尔坎继续写道，哀悼者在日常生活中不再强烈地需要激活有关逝者的心理表征时，哀悼就结束了。

舒赫特和茨苏克（Shuchter & Zisook, 1986）写道：

> 生者是否准备好进入一段新的关系不取决于"放弃"逝去的伴侣，而取决于在其精神世界中寻找一个合适的位置给逝去的伴侣——一个重要的位置，但同时给其他人也留有空间。（p. 117）

治疗师的任务不是帮助丧亲者放弃他们与逝者的关系，而是帮助他们在情感生活中寻找一个合适的位置给逝者，一个允许他们继续有活力地在世界上生活下去的位置。马里斯（Marris，1974）曾经提出过这样的想法：

> 一开始，一名丧夫者无法从曾处在她生命中心重要位置的丈夫身上挪开自己的目标与理解，尤其是他曾在其中扮演非常重要的位置：她需要通过象征和假装去重现这段关系，从而让自己感觉到还活着。但是随着时间的推移，她开始重新规划生活来消化他已经离世的事实。她从一开始感觉丈夫"似乎就坐在我旁边的椅子上"与自己进行交谈，转变成逐渐去思考他会说什么、会做什么，然后根据他的愿望来规划自己和孩子的未来。直到最后，这些希望变成她自己的，她也不再有意识地把它们归结到丈夫身上。（pp.37-38）

丧子的父母经常觉得难以理解弗洛伊德关于情感收回的理论。如果我们从重新定位的角度去思考，那么丧子父母的任务就是把自己与孩子仍有联系的想法和记忆延续下去，但在这样做的同时还要能继续自己的生活。有一位母亲最终发现一个有效的地方来存放关于她逝去儿子的想法和回忆，让她可以开始重新投入生活。她写道：

> 只是到了近期我才开始意识到，生活中的事物还在向我开放，也就是那些可以令我开心的事情。我知道我这一生都将继续为罗比感到哀伤，我也会永远记得他的爱。但是生活还是要继续的，不管我乐意与否，我都是其中的一部分。最近，有一些时刻我意识到我似乎能在家做些事了，甚至可以和朋友一起参加一些活动。（Alexy，1982，p. 503）

这在我看来，这代表着她向完成第四项任务靠近了。

阿提戈（Attig，2011）的推断如下所示：

> 我们可以持续地"拥有"我们所"失去"的东西，这意味着对逝者

的爱虽然是转化过的，但依然持续着。我们不曾真正的失去我们和逝者度过的岁月或是记忆。我们更没有失去他们对我们的影响，以及他们生命所蕴含的启迪、价值和意义。我们可以积极地把这些整合成新的生活模式里，包括与我们所关心、爱护之人之间的转化后持续存在的关系。（p. 189）

我们很难找到一个词来准确描述未能完成第四项任务会是什么样的，但是我认为最好的描述或许是"没有活着"（not living）。一个人的生活曾在死亡事件发生时被打断而且没有完全恢复。当个体牢牢抓住过去的依恋并拒绝进入新的依恋时，第四项任务是会被阻碍的。一些人发现失去是如此痛苦后，他们暗下决心再也不爱了。

流行歌曲也充斥着这一主题，赋予了它不应有的合理性。对于很多人而言，第四项任务是最难完成的。人们会深陷在哀伤的这个节点，并且在之后会意识到他们的生活在丧失事件发生的时候某种程度上就停滞了。但第四项任务是可以完成的。一个青春期的女孩在她父亲去世之后曾经有一段时间非常难以适应。两年之后她开始走向第四项任务的解决，她从大学里给母亲写了一张便条，讲述了很多人在想念逝者与继续生活之间挣扎时所意识到的，"还有其他人可以被爱，"她写道，"而这也并不意味着我对爸爸的爱减少了。"

许多治疗师发现这四个哀悼的任务有利于理解哀伤的过程。它们包含了在个人层面、现实层面、精神层面和存在主义层面对丧失的适应。我关心的是一些新手治疗师容易掉入与固定阶段有关的陷阱。人们可能会重复经历并解决这些任务，也可以同时解决多项任务。哀伤是一个流动的过程，也会被哀悼的一些因素所影响，这些将在下一章进行讨论。

其他模型

20世纪70年代中期我在哈佛大学和芝加哥大学开始提出任务模型。在1982年出版了《哀伤咨询与哀伤治疗》之后不久，其他一些模型开始在本书第1版内容的基础上换了其他视角来看哀悼过程。在此我想要简单地呈现其中的三个。尽管还有其他，但这三个是在哀伤的咨询和治疗中使用最广泛的。

特蕾泽·兰多关于哀悼的6"R"模型

特蕾泽·兰多（Therese Rando）是罗得岛州的一位心理学家，长期从事哀伤领域的实践和研究工作。在我的书出版不久，兰多就提出了6"R"模型。她使用头韵法来帮助临床工作者和哀悼者记得该做的事情。尽管她没有使用"任务"这一术语，但是她指出了对于适应哀伤重要的六个行动或过程：①意识到丧失；②对分离做出反应；③记住和重复体验；④放下依恋和假设；⑤重新适应新的世界；和⑥重新投入新的活动并建立新的关系。这其中的大部分也和我的哀悼任务存在相互重叠，尽管描述和顺序有所不同（Rando，1984，1993）。

西蒙·罗宾关于哀悼的双轨模型

西蒙·西蒙森·罗宾（Simon Shimshon Rubin）和他的同事在以色列发展出双轨模型，用来理解哀悼过程（Rubin，1999；Rubin, Malkinson, & Witztum，2003，2011）。这个双焦点（bifocal）的理论取向聚焦于：①哀伤个体的生理心理社会学的功能和②在死亡前后，哀悼者与逝者之间持续的情感依恋和关系。这样两个轨道是清晰的轴，可以互相交叉并同时进行。两个轨道对于哀悼都是重要的，把它们分开讨论可以帮助临床工作者进行研究并对哀悼者进行干预。

第一个轨道聚焦在功能层面，关注几个问题。哀悼者经历的情绪状态是怎样的，有多少种情绪状态（例如焦虑、抑郁、躯体化）？他的家庭是怎样的，他的人际功能如何？这个人可以工作或投入生活任务吗？死亡事件影响他的自尊了吗？死亡对于哀悼者生活的意义是什么？

第二个轨道聚焦在关系层面，考虑哀悼者与逝者关系亲密程度和距离远近，包括他接纳丧失和矛盾心理的能力。个体应对丧失情绪的能力是太多还是太少？死亡事件是怎样影响哀悼者对自我的感知的？这个人能记住逝去的所爱之人吗？

个体的功能（第一个轨道）只是个体对丧失的一部分反应。个体带着对逝者复杂的记忆、想法、联想和关联需求去发展持续性关系（第二个轨道），对于其适应所爱之人的丧失同样重要。临床工作者经常会过度关注前者，而对于后者的关注不够。罗宾发明了一个测量工具来评估个体在这些轨道的哪个位置上，这对于临床工作和研究而言是很有用的（Rubin，2009）。

斯特罗毕和同事的双过程模型

在1999年，玛格丽特·斯特罗毕（Margaret Stroebe）、汉克·舒特（Hank Schut）和荷兰的同事介绍了双过程模型（dual process model，DPM）来帮助人们理解哀悼者是怎样应对丧失的。尽管理论假设是应对方式会影响哀伤的适应，但这个模型的着眼于个体怎样应对丧失这一压力源本身，而不是应对丧失带来的后果。这个模型基于两类与丧失有关的压力源：①与丧失有关的，即管理负面情绪和重组与逝者的依恋关系；和②与恢复有关的，即为适应没有逝者的世界而做出生活改变。哀悼者在两种压力源的应对之间摆荡（oscillation），选择有时处理丧失，有时恢复，但通常不会同时应对两者。适应性应对（adaptive coping）包括有时直面压力，有时回避压力源。哀悼者在"沉浸于哀伤本身之中"和"重新融入因为丧失发生转变后的世界"两者之间摆荡。

摆荡是这一理论的关键，因为这一过程让应对更有效，也令这个理论区别于以往的理论，比如时期理论或任务理论。摆荡的存在说明，丧亲者会面对某些方面的丧失，在其他时候则会回避这些丧失。修复的方面也是如此。根据双过程模型，应对哀伤是一个围绕着面对与回避的复杂循环过程，丧亲者在这种两种压力源类型之间的摆荡对于适应性应对而言是必要的。

双过程模型被广泛地接受并在多种研究项目中继续被深入研究，以进一步验证和修正。作者也给出了对于该理论在研究中使用的指导（Stroebe

& Schut，1999，2010)。

让我总结一下这个部分，临床工作者在尽力做最好的哀伤咨询时，会使用某种成体系的理论来帮助丧亲者理解哀悼过程并为多种访谈策略提供基础。我本人更喜欢这些理论中的任务模型，但我还是会把这三个理论都放进来供读者参考。

反思与讨论

- 描述帕克斯的哀悼四个时期理论和作者的四个任务理论之间的相似和区别。你认为为什么它们会有如此多的相似之处？你认为对两种理论之间差别的最佳解释是什么？
- 引用斯特罗毕（Stroebe，1992）的作品，作者写道："哀伤是一个认知的过程，丧亲者对逝者、对丧失经历及对已被改变的世界的想法都会受到冲击和重建。"在你看来这段话在哪些方面是符合现实情况的？
- 在介绍第二项任务时，作者认为德语中的疼痛"schmerz"一词可以很好地描述哀伤过程。你怎么理解这个概念在哀伤过程中的重要作用？
- 作者讲述了一位在洛克比空难中失去孩子的母亲说："这不是关于如何找到答案，而是如何不带答案地继续生活下去。"你认为咨询师或治疗师在帮助丧亲个体接受这样的想法中起到了什么作用？
- 作者在此书的多个版本中都描述了哀悼的第四项任务。你认为对这一任务的措辞做改变，其重要性是什么？这个描述会怎样影响你为哀伤中的个体提供服务？

Grief Counseling
—and—
Grief Therapy

第 3 章

哀悼的过程：哀悼的影响因素

仅仅了解哀悼的任务是不够的。作为咨询师，了解哀悼过程的第二个方面同样重要，即了解哀悼的影响因素。如果你接触过的哀伤者很多，你就会见到各种不同的行为，这些行为可能会反映出一系列正常的哀伤反应，而其中有着明显的个体差异。对一些人而言，哀伤会带来激烈的情绪体验，对另一些人而言，可能是更平缓的情绪体验。对一些人而言，哀伤可能开始于他们听到这个消息时，对另一些人而言，哀伤可能是一个更延迟的体验。在某些案例中，哀伤可能存续比较短的一段时间，有些案例中的哀伤可能绵延一生。想要理解为什么个体应对哀悼的反应不同，你需要先理解这些任务是怎样被多个因素影响的。当你要对复杂哀悼进行工作时，这一点尤为重要（第 5 章中有相关介绍）。

影响因素 1：亲属关系——去世的是谁

让我们以最明显的影响因素开篇：如果你想理解个体面对丧失会有怎样的反应，那么你需要对逝者有所了解。亲属关系显示出逝者与生者之间的关系。例如一段关系可能是伴侣、孩子、家长、手足、其他亲属、朋友或恋人。自然死亡的祖父母带来的哀伤和在车祸中失去手足带来的哀伤可能就会有所不同。失去远房亲属和失去孩子带来的哀伤也会有所不同。失去伴侣的哀伤和失去父母的哀伤也会不同。失去父亲的两个孩子可能有明显不同的哀伤反应。同样，父亲对于13岁女儿和9岁儿子的意义可能非常不同。虽然两个孩子都失去了父亲，但是他们与父亲的关系、对父亲的希望和期待是不同的。亲属关系是预测哀伤的一个强有力的因素。总体而言，亲属关系越近，哀伤反应越强烈（Boelen, Van den Bout, de Keijser, 2003）。在家庭中，亲属关系的类别也会对哀伤反应产生影响。克莱伦（Cleiren，1993）的研究证明了亲属关系是最能有效预测哀伤的，家长和伴侣的哀伤比孩子或兄弟姐妹的哀伤程度更深。

影响因素2：依恋的本质

哀悼任务不仅会受到逝者的身份影响，还会受到生者对逝者的依恋关系的影响。你需要知道的有以下几个方面。

1. **依恋的强度**。强烈的爱意会导致剧烈的哀伤，这几乎是显而易见的。哀伤的严重程度通常会随着关系中爱意的加深而加深。
2. **依恋的情感安全性**。逝者对生者的幸福而言有怎样的必要性？如果生者需要靠维持与逝者的关系来维持自尊（也就是对自己产生良好感觉的话），那么就会衍生出一个难处理的哀伤反应。对于许多个体而言，安全和自尊的需要是有赖于伴侣来满足的，伴侣去世之后这种需要依然存在，满足需要的来源则是缺失的（Neimeyer & Burke, 2017）。
3. **关系中的矛盾心理**。任何亲密的关系中都会存在某种程度的矛盾。基本上，个体是被爱着的，但是也会混合有一些消极的感受。通常积极的感受会超过消极的感受，但是在一些高度矛盾的关系中，消极的感受和积极的感受相差无几，这就会出现更难以处理的哀伤反应。通常在高度矛盾的关系中，死亡事件会使生者出现巨大的内疚感，通常会被表达为"我为他做的够多吗"，同时伴随着独自被剩下的强烈愤怒。

4. **与逝者的冲突**。这不仅指的是在临近死亡时发生的冲突，还有过去的冲突。特别值得注意的是，有些冲突来自生者早期经历的身体或性虐待（Krupp, Genovese, & Krupp, 1986）。在有冲突的关系中，有很大的概率会存在未完成的事件，而由于死亡，这些事件永远无法得到解决。突发性死亡事件尤其如此。萨拉、她的丈夫和她的母亲住在同一幢房子里。一个早上，母亲出门上班之前，萨拉和她大吵了一架。在上班的路上，萨拉母亲的车被一辆重型货车撞了，并因此去世。萨拉对于她母亲去世那天早上她俩的争吵感到非常愧疚，同样令萨拉感到愧疚的还有她们之间长期存在的冲突。她寻求咨询来帮助自己解决这份愧疚以及她与母亲之间的未完成事件。

5. **依赖关系**。一些关系可以影响个体对死亡事件的适应，尤其是第三项任务的一些状况。与相对不依赖逝者完成这些日常工作的个体相比，需要依赖逝者完成诸如支付账单、开车、煮饭等多种日常活动的个体经历外部适应的幅度会更大一些。博南诺等人（Bonanno et al., 2002）报告了在失去伴侣前对其依赖程度与随后出现的慢性哀伤是相关的。

影响因素 3：逝者的死亡方式

逝者离世的原因会影响生者怎样应对多项哀悼的任务。传统而言，死亡原因可归为四类：自然的（natural）、意外的（accidental）、自杀的（suicidal）、凶杀的（homicidal），即 NASH 分类。一个孩子的意外死亡带来的哀伤可能与老年人自然死亡带来的哀伤有所不同，后者的死亡是被预期将在某个时间发生的。父亲的自杀，与留下年幼孩子的年轻母亲预料之中的死亡带来的哀伤也是不同的。有些证据表明，经历了自杀事件的生者会有非常独特而困难的应对哀伤的问题（详见第 7 章）。其他与死亡有关的会影响哀伤的方面如下所示。

接近性

死亡事件发生在什么地点？是发生在靠近生者的地方还是远离的地方？死亡事件发生在远方可能会让生者想到死亡事件的时候感觉不真实。个体会当作逝者还在，这会影响哀悼的第一项任务。关于在家中发生的死亡会减少还是增加哀伤，研究的结果并无定论（Gomes, Calanzani, Koffman, & Higginson, 2015）。阿丁顿－霍尔和卡尔森（Addington-Hall and Karlsen, 2000）在英国研究居家死亡并发现，照顾了在家去世患者的哀伤个体会有更多的心理哀伤，这些人会更思念逝者，并更难以接受死亡的发生。作为麻省总医院 Omega 项目的一部分，我和艾弗里·韦斯曼访谈了所爱之人在家去世的照顾者。我们询问他们如果重来是否还会做出一样的选择。最终的结果是一半对一半。一半的人会再经历一遍。他们感觉到自己可以给濒死的所爱之人特殊的照顾，他们的孩子也可以看到死亡是生命的一部分。另一半人则说："不可能。"他们发现处理一些医疗程序很困难，不然他们本可以为濒死的人做得更多（Weisman & Worden, 1980）。在我们开展了这项研究之后，临终关怀的家庭护理发展了起来，所以后者的态度现在不太会成为问题。

突发性或不可预期性

这一因素是指，是否曾经有过一些关于死亡的预先警示，抑或死亡是意料之外的？一系列研究显示，与在一两年前就得到预警的个体相比，经历了突发性死亡事件的丧亲者，尤其是年轻的丧亲者，会度过更艰难的时期（Parkes & Weiss, 1983）。在哈佛儿童丧亲研究中，与预料之中的死亡（60%）相比，突发性死亡（40%）既影响到了孩子的适应，也影响到了家庭的适应。这一影响在哀伤的第一年最明显。进入到第二年后，其他影响因素会对他们的适应有更突出的影响。尽管一半的孩子在死亡事件发生两年后还是会担忧仍在世家长的安全，但这种恐惧并不是由死亡的突发性带来的，而是由于仍在世家长表现出了糟糕的社会功能。突发性死亡有时也是暴力性死亡，后者影响可能更大。当谈论到自然死亡的时候，丧亲者对死亡的心理准备时间越长，适应就越好。但是哈佛的研究发现，客观上时间的长短（如几周和几个月）并不总能预测丧亲者适应的情况，丧亲者对预期时间的感知影响着适应的好坏（Worden，1996）。不过，唐纳利、菲尔德和霍洛维茨（Donnelly，Field and Horowitz，2000）发现，相比主观的预期时间，客观的预期时间可以更好地预测症状。因此，我们还需要更多的研究。

暴力性死亡和创伤性死亡

暴力性死亡和创伤性死亡的影响可能是持久的，且往往导致复杂性哀悼（凶杀和自杀的影响将在第 7 章中讨论）。这种类型的死亡会带来几个方面的挑战。第一，它挑战了一个人的自我效能感，阻碍了个体对第三项任务的内部适应——首先通常是"我本可以做些什么来阻止这一切发生"。第二，暴力性死亡极有可能粉碎一个人的世界观，并挑战意义构建，这也是第三项任务的一部分。第三，与死亡事件有关的情况可能使生者难以表达他们的愤怒和责备（第二项任务）。生者在意外事故或凶杀案中杀了人的情况下尤其如此；内疚显然是应对丧失的一个关键因素。创伤性死亡后的第四个后续挑战可能是创伤后应激障碍。这种现象在 2017 年拉斯维加斯大规模枪击案后经常出现。

在哈佛儿童丧亲研究中，我们发现暴力性死亡和创伤性死亡（事故、自杀和凶杀）与最强烈的哀伤情绪有关，并且经常发展为复杂的丧亲之痛（Worden，1996）。尤其值得注意的是那些在自杀现场或其他创伤性死亡现场发现或看到尸体的人所经历的令人不安的画面和情绪（Neimeyer & Burke, 2017）。更多关于暴力性死亡的理论，可参考其他研究，例如 Rynearson（2006）；Rynearson, Schut, Stroebe（2013）；Currier, Holland, Coleman, Neimeyer（2008）。

多重丧失

一些人在一次悲剧事件中或相对较短的时间内，就失去了许多所爱之人。我认识的一名男性，曾目睹全家在他面前丧生，当时一台建筑起重机倒在他的车上，杀死了他的妻子和两个孩子。多重丧失发生后，丧亲者就有可能存在超负荷的丧亲之痛（Kastenbaum，1969）。哀伤和痛苦太多，导致这个人无法控制与哀悼的第二项任务相关的情绪。相关干预需要咨询师与每一个经历丧失的个体一起探索，从最不复杂的开始，看看他失去了什么，然后逐渐开始哀悼的过程。对于在事故中失去两个孩子的这名男性来说，分别探索他和每个孩子的关系是很重要的，因为他和每个孩子的关系和对他们的期望是不同的。

除了交通事故造成的多重丧失外，还有许多事件会使人们面临多重丧失的风险。这些事件包括自然灾害（火灾、地震、飓风）、大规模枪击（在学校被恐怖分子袭击）、飞机坠毁、战争和种族灭绝，以及艾滋病等疾病。一个特别容易遭受多重损失的群体是老年人群体，死神正在带走他们的朋友和家人，也有随之而来的丧失，如健康问题、残疾和生活安排方面的丧失。

可预防的死亡

当死亡被认为是可以预防的时候，负罪感、责备和过失的问题就会浮出水面。这些问题需要作为第二项任务中的一部分来解决。漫长的诉讼通常与可预防的死亡有关，并且会延长相关者的哀悼过程（Gamino, Sewell, & Easterling, 2000）。布根（Bugen, 1977）将这个维度引入我们的视野，并展示了随着情感亲密度的维度变化，它是如何影响人们对死亡的整体适应的。更近一些的研究在成年人身上大规模测试了布根的模型，发现死亡的可感知预防性是会对哀伤程度产生巨大影响的因素（Guarnaccia, Hayslip, & Landry, 1999）。

不明确的死亡

有些情况下生者并不能确定他们所爱之人是死是活。我们在越南战争中看到过军事人员在行动中失踪。家人不确定他们是死是活。这使哀悼者陷入一种尴尬的境地，不知道是该抱有希望，还是该臣服于哀伤。类似的不确定性在飞机坠海后也可能存在。我曾为在1983年大韩航空007号空难的一些家庭做临床工作。当时有些乘客的尸体没能从飞机上找到。虽然这些家庭知道他们所爱之人去世了，但有些人还是抱有希望。后来韩国政府竖起一座纪念碑，上面写有乘客的名字，这对生者做个了结有所帮助。在2001年"9·11"的悲剧之后，一些尸体没有被找到，这给家庭成员留下一丝希望——他们所爱之人还会在某个时刻出现。我们需要对这种类型的丧失了解更多，通过记录在不明确的丧失中仍能顺利完成改变并继续前进的家庭的叙述，可以进一步了解这类丧失（Boss，2000；Tubbs & Boss，2000）。

被污名化的死亡

多卡和其他研究者也曾写到过被剥夺了权利的哀伤的情况（Attig，2004；Doka，1989，2002，2008）。自杀和艾滋病致死等死亡往往被视为污名化的死亡（McNutt & Yakushko，2013）。当这种污名存在时，哀悼者可能无法得到充分的社会支持（Doka，1989；Moore，2011）。污名化的死亡与①社会无法明言的丧失和②社会否定的丧失有关，这些将在第7章中进行讨论。

影响因素4：历史先例

想要了解一个人将如何哀伤，你需要知道他曾经是否失去过亲人，以及他过去是如何哀悼的。他们哀悼得是否充分，又或者这个人有没有将从前未得到充分解决的哀伤带到新的丧失中。

一个人的精神健康史可能也很重要。一个关注点是那些有抑郁症病史的丧亲者。一些研究者认为，若生者在配偶死亡前曾患重度抑郁症，那么他在丧亲后患重度抑郁症的风险可能会增加（Zisook，Paulus，Shuchter，& Judd，1997）。另一些研究没有在丧偶老年男性之前的历史因素中发现烦躁不安的情绪对重度抑郁的预测力（Byrne，Aphael，1999）。这种研究结果的差异可以部分地由人群、时间框架和使用的测量方法的差异来解释。

另一个影响因素则与家庭问题有关。未解决的丧失和哀伤可以跨越几代人，影响当前的哀悼过程（Paul & Grosser，1965；Shapiro，1994；Walsh & McGoldrick，1991）。

影响因素 5：人格变量

鲍尔比（Bowlby，1980）曾强烈请求治疗师和其他咨询师在试图理解个体对丧失的反应时，考虑到哀悼者的人格结构。这些人格变量包括以下内容。

年龄和性别

近期研究开始对性别差异和进行哀悼的能力，尤其是对男性哀悼的方式产生了相当大的兴趣，（Doka & Martin，2010；Martin & Doka，2000）。研究者认为男性更喜欢进行工具性哀悼，通过身体或认知来感受丧失。女性则更喜欢直觉性哀悼，通过更情感化的方式感受哀伤（Stillion & Noviello，2001）。的确，男孩和女孩的社会化方式不同，男性和女性在处理哀悼任务方面的许多差异可能更多是这种社会化的一部分，而不是某些内在的基因差异。一种推测是，女性哀伤的方式可能不同，丧亲的结果也不同，是因为她们得到的社会支持比男性多。一项由斯特罗毕夫妇和阿巴库姆金（W. Stroebe，Stroebe and Abakoumkin，1999）完成的优秀研究却表明，事实并非如此。不过有些研究发现，在有效的干预方式上存在明显的性别差异（Schu，Stroebe，de Keijser，van den Bout，1997）。男性对情感刺激型干预反应更好，而女性对问题解决型干预反应更好。这种干预似乎与典型的性别风格相反。在研究失去配偶的男性时，伦德（Lund，2001）发现50多岁的男性最能有效地应对他们的哀伤。关于性别如何影响哀伤反应，以及哪种性别更容易发展出复杂哀悼的研究结论不一，需要进一步探究（Neimeyer & Burke，2017）。

应对方式

哀伤会被个体的应对选择（他对情感的压抑程度如何，他处理焦虑的能力怎样，以及他应对压力环境的水平如何）所影响。拉扎罗斯和福克曼（Lazarus and Folkman，1984）将"应对"定义为个体处理压力环境中外部或内部需求时发生的思想和行为的变化。亲人的死亡无疑会引出这样的需求。应对方式因人而异。应对癌症、丧亲之痛或创伤等关于应对的研究，一直是我职业生涯的主要部分。理解应对方式可以有不同的范式，但在研究和临床干预中特别有效的是一种问题解决的模式。在这种模式中，应对可以被看作一个人面对问题时，为了得到宽慰和问题解决所做的事情。宽慰和解决都是干预措施，而它们的程度会有不同。主要有三种应对方式。

问题解决型应对

人们解决问题的能力各不相同。那些技能最差的人过度使用无效的策略，或者他们尝试一件事情来解决问题，但是当不起作用时就放弃了。有些方法可以教那些缺乏技能的人解决问题，其中之一是索贝尔（Sobel）和我开发的认知行为干预（Sobel & Worden，1982）。

主动型情绪应对

主动型情绪应对是处理问题和管理压力的最有效策略，重新定义又是有效策略清单中最有效的策略。这是一种在糟糕的情况下发现积极或可挽回方面的能力。哀伤后成长这个概念就是基于对这些策略的有效运用。在对癌症患者和死者家属的研究中我们发现，情绪痛苦程度最低的人是那些能够在困难的情况下积极再定义问题并找到积极方面的人。幽默是另一种有效的应对策略。使用幽默时，需要与问题保持一定的距离，这在短期内是有帮助的。与压抑情绪相比，发泄情绪可能更有用的。然而，当哀悼者同时有积极和消极的情绪时，相比那种把别人拒之门外的情感表达，发泄是最好的。接受他人支持的能力是主动型情绪应对方式的另一个维度。接受他人的支持并不一定会让一个人感觉自己无能，相反，接受支持是哀悼者可以用来提高效率和自尊的一种选择。

回避型情绪应对

回避型情绪应对也许是最无效的策略。它或许能让人暂时感觉好一点，却不能特别有效地解决问题。回避型应对包括责备自己和他人；转移注意力在短期内是有用的，但如果持续下去就不会有用了；就像转移注意力一样，否认（denial）可以在短期内缓冲困难的现实，但长期来看是无效的；社交退缩在短期内也是有用的，但不是最有效的应对方式。物质使用和滥用可能使丧亲者感觉好一些，但不能解决问题，而且可能给个体带来药物副作用。

我们在哈佛儿童丧亲研究中发现，对父母和孩子来说，最好的结果来自主动型情绪应对策略，尤其是重新定义和积极再定义的能力。被动策略（如"对此我是无能为力的"）是最没有效果的策略之一（Worden，1996）。也有研究发现，经历创伤性丧失后，进行主动型应对的人可以获得最好的结果，回避型情绪应对则与创伤后应激障碍和/或复杂性哀伤的形成有关（Schnider，Elhai，and Gray，2007）。

问题在于，个体的应对方式是否稳定，或者是否可以改变。福克曼（Folkman，2001）认为，一些策略，如积极再定义和认知回避往往是更稳定的，而其他一些策略，如解决问题的技巧和使用社会支持则是更容易进行改变的。从我们的研究来看，我同意这一点。我们运用认知-行为的方法向一群解决问题能力很差的人传授解决问题的技巧，取得了真正的成功（Sobel & Worden, 1982）。此外，哀悼者可以通过加入丧亲团体，学到更有效的利用社会支持的方法。

依恋类型

另一个影响人们如何处理各种哀悼任务的重要因素是人们的依恋类型（Kosminsky & Jordan, 2016）。依恋类型通过早期亲子关系而早早形成。这些行为的目的是孩子与依恋对象（通常是母亲）维持或重新建立一种依恋关系。依恋对象如何对孩子的情感需求进行反应，尤其是在压力下的反应，决定了这些模式。依恋类型被一些人视为特征，这些特征在创伤事件和心理治疗等情况下是可塑的，但基本上是牢固建立的（Fraley, 2002）。一个人对依恋对象的可及性或心理接近程度如何评估，是决定一个人在依恋对象不在时感到安全或痛苦的重要因素。一般来说，依恋类型的形成源于早期的经历或早期与重要人物的关系。我们认为存在于成年人之间的依恋关系与亲子联结在重要方面有所不同，因为双方都可以作为对方的依恋对象。

当与依恋对象的关系因死亡而断绝时，生者保持或重建与依恋对象的接近的需要会受到威胁。分离痛苦会引发哀悼者的寻找行为，他想重建失去的关系，但逐渐地，哀悼者会开始意识到丧失是永久性的。对这一新现实的健康的适应是，哀悼者将死者内化到自身及生活图式中，从而用心理上的接近取代以前身体上的接近。哀悼者在情感上由死者的心理表征所支撑，不再需要身体的陪伴。内部模型或表征已经在依恋类型中有过描述（Ainsworth, Blehar, Waters, & Wall, 1978; Main & Solomon, 1990; Mikulincer & Shaver, 2003, 2007, 2008）。

安全型依恋类型

许多人通过良好的养育和其他健康的早期关系，形成了我们常说的安全依恋风格。属于安全依恋的人拥有积极的心智模式，认为自己被重视、值得支持、关心和爱护。在经历了因死亡而失去重要的依恋对象后，安全依恋类型的人会经历哀伤的痛苦，但是能够处理这种痛苦，与逝者继续保持健康的、持续的纽带关系。早期强烈的哀伤（寻找和思念）并没有破坏他们对丧失现实的接受——第一项任务。

不安全型依恋

由于未被很好的养育或早期关系不顺利，人们可能会形成四种类型的不安全型依恋，包括焦虑/痴迷型依恋、焦虑/矛盾型依恋、回避/疏远型依恋和回避/恐惧型依恋。（一些研究人员可能对同样的现象使用其他术语。）这些不同的依恋类型影响着个体一生中的人际关系，并且在依恋关系终结时成为哀悼过程中的重要影响因素。这些不安全的依恋类型是特别重要的影响因素，因为它们可能使适应任务变得困难并导致复杂性哀悼的出现（Schenck，Eberle，& Rings，2016；M. Stroebe，Schut，& Stroebe，2006）。让我们详细研究一下这些不安全的依恋风格。

焦虑/痴迷型依恋。这些类型的依恋关系会给人一种不安的感觉，在这些关系中，人们往往对轻视和其他被忽视的感觉超级敏感。这些人会储备多余的男朋友（或女朋友）以防现在的关系无法修成正果。这些人自我感觉不好，他们的自尊需求可能由他人决定（见影响因素2）。当死亡带走所爱之人时，有这种依恋类型的个体通常显示出高水平的痛苦，会持续一段时间，并可能出现慢性哀伤或延长哀伤。他们调节情绪的能力和处理压力的能力，可能是有缺陷的。他们对丧失的思维反刍可能很强烈，可能会通过回避行为来处理过度的痛苦，也就是用回避丧失提示物来缓冲痛苦（Eisma et al.，2015）。一个人看到自己如此无助，无法在没有所爱之人的情况下应付时，往往会有低自我评价。过度依赖他人和求助行为是这种风格的行为特征。治疗这种依恋风格的人的目标是帮助他们停止试图恢复与死者的身体接近，并通过心理上的亲近内化安全感（Field，2006）。

焦虑/矛盾型依恋。在矛盾的关系中，爱与恨几乎平等地共存。形成这种依恋的人认为对方不可靠。这种关系可以是暴风骤雨般的，当关系受到威胁时，愤怒可以被观察到。在我的临床工作中，我有时把这些称为愤怒的依恋。这些年来，我治疗过很多夫妻，其中一方为了正当的商业目的不得不离开几天或几周，另一方则发疯并出现愤怒的回应。当事人有某种程度的觉察，愤怒是其阻止对方离开的方式，可以让自己不必经历这种依恋风格背后的焦虑。这类似于孩子的抗议，要求重新建立身体上的亲密关系。当所爱之人去世时，愤怒和焦虑的强度是过度的，因此哀悼者为了保持稳定，可能会关注积极的情感——与愤怒相反的情感。这类哀悼者让所爱之人变得比自己的生命更重要，这样他们就不会直面自己经历中愤怒的部分。当他们谈论所爱之人时，咨询师得到的感觉是没有人能做得那么好。干预的方向应该是让哀悼者承认和表达积极和消极这两种类型的感受。如果哀悼者的愤怒不能被表达出来并融入爱的感觉中，那么他可能会体验到高度抑郁或延长哀伤，以及大量的反刍思维。

回避/拒绝型依恋。这种依恋类型的个体可能有不予回应的父母，并形成一种虚假的自给自足的风格。他们行为是围绕自力更生和独立的目标组织起来的。有些个体被认为是不可靠的。自主和自力更生对他们来说至关重要。死亡事件发生后，这些人可能表现出很少的症状和最小的情绪反应，基本上是因为他们很少产生依恋。这些人对自己的看法过于正面，对他人的看法常常是负面的，他们在压力下不太可能转向他人求助。这种风格的人最初对丧失表现出最小的情绪反应，他们是否会继续发展成延迟的哀伤反应，在业内存在一些争议。有些学者认为这类丧亲者并不会发展出延迟的哀伤反应，比如费瑞和博南诺（Fraley and Bonanno，2004）。然而，这种风格的人很有可能在失去亲人之后经历身体反应，可能在亲人死亡发生后立即产生，也可能一段时间之后产生，原因是他们无意识地渴望脱离关系（M. Stroebe, Schut, & Stroebe, 2005, 2006）。由于防御性排斥，他们不能处理丧失的影响，第三项任务可能难以完成。

回避/恐惧型依恋。具有这种依恋类型的人对丧失的适应很可能是最差的（Fraley & Bonanno，2004）。不像重视自我满足的回避/拒绝型的人，回避/恐惧型的人想要恋爱关系，但是由于害怕这些依恋会破裂，他们会有长期的试探性依恋史。当死亡带走了他们所有的依恋时，他们很容易患上抑郁症。这种抑郁症通常可以保护他们避免可能感受到的愤怒。社交退缩是他们在丧亲情况下最常见的行为，是对自我的一种保护（Meier，Carr，Currier，& Neimeyer，2013）。

健康的依恋受损，就会导致哀伤。当依恋被死亡破坏时，不那么健康的依恋会导致愤怒和内疚的感觉（Winnicott，1953）。依恋问题对依赖程度高的人和难以建立关系的人也很重要。被诊断患有某些人格障碍的个体，也可能在应对丧失方面存在困难。对于那些被归类为边缘型人格障碍或自恋型人格障碍的人来说尤其如此［见美国精神医学学会（APA）2013］。不健康的依恋关系会导致分离障碍，这是目前创伤性哀伤的研究焦点（Prigerson & Jacobs，2001）。

认知方式

不同的人有不同的认知方式。有些人比其他人更乐观，他们可能会说杯子是半满的，而不是半空的。与这种乐观风格联系在一起的是在糟糕的情况下找到积极方面或救赎的能力。一位癌症患者说："我很不高兴这事发生在我身上，但这确实给了我和母亲和解的机会。"在哈佛儿童丧亲研究中我们发现，乐观和重新定义的能力与失去孩子后头两年中父母的抑郁水平较低有关（Worden，1996）。同样，鲍艾伦和范登布特（Boelen，van den Bout，2002）发现，积极的思维方式与焦虑和创伤性哀伤，尤其是抑郁症状呈负相关。这并不奇怪，因为贝克、拉什、肖和埃默里（Beck，Rush，Shaw and Emery，1979）以及其他研究抑郁症的学者发现，抑郁症患者对生活、自己、世界和未来持负面看法。抑郁症患者的这种悲观态度往往导致一种过度概括的认知方式。"我永远也无法渡过这个难关了"和"没有人会再爱我了"就是这种思考方式的例子。

另一种重要的认知方式是反刍思维。人们会不断持续地反复思考自己的负面情绪而不采取行动来缓解这些情绪。在丧亲的情况下，这包括长期地、被动地关注与哀伤相关的症状。这种认知方式延长了丧亲者经历负面情绪的时间，导致其不能有效处理第二项任务，并可能使抑郁情绪演变成抑郁障碍（Nolen-Hoeksema，2001；Nolen-Hoeksema，McBride，& Larson，1997）。反刍者关注他们的丧失，大概是为了寻找意义和他人理解，但研究表明，与非反刍者一样，他们也并不太可能找到意义（Eisma et al.，2015）。对于这种认知方式的持久性，一个可能的解释是，尽管它带来了痛苦，但这种痛苦代表了个人与逝者最后、也许是最终的联系。然而，这种认知风格有两个主要的负面后果：第一，哀悼者没有良好的问题解决行为；第二，它可能赶走那些可能提供社会支持的人。目前有几种干预措施对于那些经常进行思维反刍的丧亲者是有用的。这些措施能帮助他们集中注意力解决问题，同时教会他们达到同样目的的技能；帮助他们增加社会交往，而不是把别人赶走；帮助他们找到更合适的方法来完成第四项任务，与他人保持联系而不让痛苦成为他们和他人的联系点，在继续生活的同时，找到方法来缅怀逝者。

自我的力量：自尊和自我效能

所有人面对死亡事件时的态度，都与其对自我价值的态度，以及对自己影响生活事件能力的态度有关。有些死亡会挑战一个人的自尊和自我效能，使第三项任务的内部适应更具挑战性（Haine，Ayers，Sandler，Wolchik，& Weyer，2003；Reich & Zautra，1991）。当一个人长期以来的负面自我形象从配偶处得到补偿时尤其如此。如果配偶去世，这种巨大的丧失会重新激活以前潜在的负面自我形象（Horowitz，Wilner，Marmar，& Krupnick，1980）。自我效能感是自我力量的另一个组成部分。它类似于罗特的控制点理论，涉及一个人有多相信他能控制生活中发生在自己身上的事情。当死亡使人感到无能和失控时，死亡的可预防性就成为一些人关注的焦点。贝奈特、弗洛里斯和田代（Benight、Flores and Tashiro，2001）发现，应对自我效能感更强的老年丧夫者有更好的情感和精神幸福感，身体也更健康。哈佛儿童丧亲研究中发现，自尊和自我效能感是那些能最好地适应父母去世的儿童的重要力量（Worden，1996）。海因（Haine，2003）的研究小组在对亚利桑那州丧亲儿童的研究中还发现，控制点和自尊是压力的重要影响因素（自尊比效能感更重要）。鲍尔和博南诺（Bauer，Bonanno，2001）发现，自我效能感与心理健康之间存在强关联性，并发现随着时间的推移，在一组中年丧偶者中，这种联系预示着哀伤的减少。在帮助哀悼者完成第三项任务，即确定丧失的意义和建立新的身份方面，效能感特别有用。

对世界的假设：信念和价值观

我们每个人都对世界的仁慈和意义抱有假设（Schwartzberg & Janoff-Bulman, 1991）。有些死亡比其他事件更能挑战一个人关于世界的假设，导致精神危机，使人不确定什么是正确的，什么是好的。当这种情况发生时，第三项任务中的精神适应就更困难了。我和几个母亲一起工作过，她们的孩子在院子里玩耍时，被开车经过的枪手射杀了，杀手通常是帮派成员。失去孩子给这些母亲带来了精神危机，挑战了她们对世界和上帝可预测性的信仰。然而，允许个人将重大悲剧纳入自己的精神体系，能让某些世界观起到保护作用。当某人相信万物都是上帝宏大计划的一部分时，他在失去配偶后表现出来的痛苦可能比不相信这一观点的人要少（Wortman & Silver, 2001）。相信自己将与死者在永恒处团聚也可能起到保护作用（Smith, Range, & Ulmer, 1992）。

影响因素6：社会变量

哀悼是一种社会现象，和他人一起哀悼是很重要的。在哀悼过程中感知到的来自家庭内外的他人情感和社会支持的程度是非常重要的。一些研究表明，感知到社会支持可以减轻压力的负面影响，包括丧亲之痛的压力（Juth, Smyth, Carey, & Lepore, 2015；Schwartzberg & Janoff-Bulman, 1991；Sherkat & Reed, 1992；W. Stroebe, Stroebe, & Abakoumkin, 1999）。甚至养宠物的人也比没有宠物的人表现出更少的症状（Akiyama, Holtzman, & Britz, 1986）。大多数研究发现，那些在丧亲中表现较差的人缺乏足够的社会支持，或者社会支持有冲突。这里可能遇到的一个困难是，尽管在死亡发生时及不久后社会支持是存在的，但6个月到1年之后，当哀悼者意识到亲人去世带来的所有丧失时，当时参加葬礼的人可能已经离开了。如果支持者还在，他们会鼓励丧亲者克服困难，继续生活。

M. 斯特罗毕、舒特和斯特罗毕（M. Stroebe, Schut, Stroebe, 2005）探讨了四个纵向研究，这些研究在两年的时间里考察了社会支持和抑郁之间的关系。这些研究包括图宾根丧亲纵向研究（Tubingen Longitudinal Study of Bereavement；W. Stroebe, Stroebe, Abakoumkin, & Schut, 1996），老年夫妇生活变化研究（Changing Lives of Older Couples Study；Carr et al., 2000），对因暴力失去孩子的父母的研究（Murphy, 2000），以及应对反刍思维的研究（Nolen-Hoeksema & Morrow, 1991）。在所有四项研究中，那些拥有更多社会支持的人在每个评估时间点的抑郁得分都较低。然而，在所有的研究中，社会支持并没有加速对丧失的适应或使适应变得容易。虽然个体知道寻求朋友和家人的支持可能有助于减轻失去亲人的打击，但这并不一定会加速哀悼的过程。以下是重要的社会影响因素。

1. **支持满意度**。比仅仅提供支持更重要的是哀悼者对社会支持的感知和对支持的满意度。研究表明，有很多例子可以证明虽然支持存在，但是个体对这种支持并不满意。与他人相处的时间和对社会支持的利用（对他人的认同）——社会融合，是支持满意度的两个维度（Aoun et al., 2015；Sherkat & Reed, 1992）。

2. **参与社会角色**。研究发现，参与多个社会角色会影响对死亡丧失的适应。参与了更多社会角色的人似乎比没有参与的人更能适应丧失。研究中衡量的一些角色包括父母、雇员、朋友和亲属,以及参与社区、宗教和政治团体(Hershberger & Walsh,1990;M. Stroebe et al.,2013)。

3. **宗教资源和种族期望**。我们每个人都属于不同的社会亚文化,包括种族和宗教亚文化。它们为我们的行为提供了指导和仪式。例如,爱尔兰人和意大利人哀伤的方式不同,美国人的哀伤方式也不同。在犹太人的信仰中,经常能见到七日服丧期(shiva),也就是一家人待在家里,朋友和家人来帮助他们减轻哀伤的七天时间。随后是其他的仪式,比如去犹太教堂,一年后为墓碑揭幕等。天主教徒有他们自己的仪式,就像一些新教徒一样。为了充分预测一个人将如何哀伤,你必须了解他的社会、种族和宗教背景。参加仪式对适应丧亲之痛的影响程度尚不为人所知。它应该是有用的,但是需要更多的研究来验证。

社会影响因素中应该提到的最后一个维度是生者在哀伤中可能获得的次级获益。生者可能因为哀伤而在社交网络中获得很多好处,这会影响哀伤持续的时间。然而,时间过长的哀悼会产生相反的效果,使人们疏远社交网络。

在讨论社会影响因素时,不要忽视重要的跨文化差异。罗森布拉特(Rosenblatt,2008)提醒我们,任何关于哀伤的知识都是有文化背景的。而本书中的概念基于我最了解和研究最多的文化。我们倾向于认为我们的文化、我们的语言、人性的概念和生活经验适用于所有人,但这不是事实。文化创造、影响、塑造、限制了我们对哀伤的理解和体验。理解文化和哀伤的复杂纠缠,可以帮助我们为不同文化的哀伤者提供更好的支持。以下还有更多关于哀伤和丧失的跨文化影响的内容可供参考:Goss,Klass(2005);Hayslip,Peteto,(2005);Nemeyer,Klass,Dennis(2014);Parkes,Laungani,Young(2015);Rosenblatt(2008)。

影响因素7：同时出现的丧失和压力

影响丧亲的其他因素包括死亡后同时出现的变化和危机。一些变化是不可避免的，但有些个体和家庭在亲人死亡后经历了严重的破坏（二次丧失），包括严重的经济逆行。在哈佛儿童丧亲研究中，在配偶去世后经历了大量生活改变事件的生者抑郁程度最高［以《家庭生活事件清单》（Family Inventory of Life Events）衡量］，他们的孩子在两年的随访中也表现不佳（Worden，1996）。

特别值得注意的是那些经济资源较少，而亲人的死亡事件加重了其财务负担的人。当主要养家糊口的人遭遇死亡时，通常都会这样。经济资源还受到社会经济阶层地位的影响。较低的教育水平可能会限制家庭成员的医学知识，使他们无法理解和/或无法在临终前与亲人协商治疗方案（Neimeyer & Burke，2017）。

注意事项：哀悼行为是由多因素决定的

请让我提醒你一下。人们会倾向于对哀伤的决定因素和哀悼的影响进行简单化的思考，特别是在进行研究时。例如，一个人可能会研究突发的暴力性死亡对生者抑郁症的影响，也许会把生者所感受到的和得到的社会支持作为共同影响因素进行检验。然而，这样的研究忽略了其他重要的关系方面的影响因素，如依恋的微妙之处、个体的应对技巧、从悲剧中找到意义的能力，以及其他的哀悼影响因素。哀悼行为是由多因素决定的，临床医生和研究人员最好时刻牢记这一点。

最近人们对与应对和丧失有关的迷思很感兴趣。沃特曼和西尔弗（Wortman and Silver，2001）质疑丧失导致强烈痛苦和抑郁的假设。任何有经验的临床医生都知道，这种情况仅适用于某些人，对另一些人则不然。哀伤的程度明显受到多种哀悼相关因素的影响。沃特曼和西尔弗一致认为

必须考虑影响因素:

　　找出可能导致一些人在死亡事件发生后表达消极情绪的因素是很重要的。首先,如果人们经历了更多的负面情绪,他们可能更容易表达负面情绪。人们在失去亲人后可能会因为多种原因而遭受更多的痛苦,包括与死者的亲密关系、亲人死亡的方式,以及死亡在多大程度上粉碎了以前对自己或世界的信念……某些类型的丧失,比如孩子因为一个司机醉酒驾车而死,可能比深爱但年长的配偶的死亡更让丧亲者难以解决哀伤问题。(p.423)

哀悼何时结束

　　问哀悼何时结束,有点像问"天有多高",我们并没有现成的答案。鲍尔比(Bowlby,1980)和帕克斯(Parkes,1972)都认为,当一个人完成了最后哀悼阶段,恢复到丧失前的样子,哀悼就结束了。在我看来,当哀悼任务完成时,哀悼就完成了,虽然它们可能会在以后再次出现。我们不可能为此设定日期。然而,在丧亲文献中,人们尝试确定各种各样的日期,例如四个月、一年、两年、永不结束。在失去亲密关系的情况下,我会怀疑没有人能在一年的时间之内结束哀悼,对于很多人来说,两年并不算太长。

　　哀悼即将结束的一个标准是,当丧亲者想起死者时,他们的痛苦比以前减少了。当你想起你曾经爱过或失去过的人时,总会有一种悲伤的感觉,但它有所变化——它没有了以前那种令人痛苦的特质。一个人在想到死者时,不再出现身体反应的情况,例如不再激烈地哭泣或感觉胸闷。同时,当一个人可以把他的情感重新投入到生命和生活中时,哀悼就完成了。

　　然而,有些人似乎永远不能完成他们的哀悼。鲍尔比(Bowlby,1980)引用一位60多岁的丧夫者的话说:"哀悼永不结束。只是随着时间的推移,它出现的次数越来越少"(p.101)。大多数研究表明,在失去丈夫的女性中,只有不到一半的人能在第一年结束时恢复状态。舒赫特和茨苏克（Shuchter，Zisook，1986）发现，大约两年是绝大多数丧偶者找到"一点稳定……建立一个新的身份，并在他们的生活中找到一个方向"的时间（p. 248）。帕克斯的各种研究表明，丧夫者可能需要三四年才能稳定下来。通过哀伤咨询进行教育可以做的基本事情之一就是提醒人们，哀伤是一个长期的过程，结束后也不能回到哀伤前的状态。咨询师也可以让哀悼者知道，即使哀悼在进行，哀伤并不是以线性的方式进行的，它可能会重新出现。一位丧夫之后又丧子的女士在经历了漫长而痛苦的哀悼期后对我说："你的期望会欺骗你！我现在意识到痛苦永远不会完全消失。但当痛苦回来时，我能更好地记住中间的时光。"我有个朋友失去了一个对他很重要的人，他感到很痛苦。他不太能忍受痛苦，尤其是情感上的痛苦，失去亲人后不久，他对我说："还好等四周过去，一切都会结束。"我工作的一部分是帮助他明白，哀伤不会在四周内消失，也许不会在四个月内消失。有些人认为，度过一年四季，哀伤才会开始减轻。戈勒（Gorer，1965）认为，人们对慰问的回应方式，在一定程度上表明了他们在哀悼过程中的位置。对他人吊唁的感激接受是最可靠的迹象之一，表明死者家属顺利度过了哀悼期。

当人们重新对生活产生兴趣、感到更有希望、再次体验满足感、适应新的角色时，哀悼就可以结束了。还有一种感觉是哀悼永远不会结束。你可能会发现西格蒙德·弗洛伊德以下的话很有帮助，他写信给他丧子的朋友宾斯万格（Binswanger）说：

> 我们要为丧失之物找到归宿。虽然我们知道在这样的丧失之后，哀伤的急性阶段会消退，但我们也知道我们会一直伤心，并且永远找不到替代品。不管我们用什么来填补空缺，即使已经将其填满，它仍然已经不一样了。（Freud，1961，p. 386）

反思与讨论

- 你如何看待与死者之间的关系，或者这种依恋的性质如何改变了丧亲者解决哀悼任务的方式？你认为这对于为丧亲者提供咨询或治疗有何重要性？
- 作者的观点得到了研究的支持，表明使用积极的情绪应对策略，比如重新定义，对解决哀伤最有帮助。你同意或不同意这一点的原因是什么？
- 在关于依恋类型的部分，作者提出，"健康的依恋受损时，就会导致哀伤。当依恋被死亡破坏时，不那么健康的依恋会导致愤怒和内疚的感觉。"在你与死者家属的工作中，你认为这符合现实情况吗？你有没有见过这个规律的例外？
- 在阅读了影响因素 6 中关于社会支持的部分后，你可以向丧亲者询问哪些问题，以评估其支持系统的可获得性和有益性。
- 如果哀悼的结束很难界定，你怎么知道什么时候该将丧亲者转介给能够提供更深入支持的咨询师？

Grief Counseling
—and—
Grief Therapy

第 4 章

促进正常哀伤

我们已经知道重要他人的离世会引发人的许多哀伤反应，这是正常的。多数人能够独自应对这些反应，完成哀悼的四项任务，从而适应丧失。不过，有些人体验到的痛苦程度较高，就会前来寻求咨询。丧亲初期的高度痛苦是未来痛苦的最佳预测指标之一，这意味着初期体验到高度痛苦的人很可能有丧亲适应不良的风险。对于这类个案，咨询通常能帮助他们更有效地适应丧失（Schut，2010；M.Stroebe，Schut，& Stroebe，2005）。

我对哀伤咨询和哀伤治疗做了一个区分。哀伤咨询帮助人们在合理的时间范围内经历非复杂性的或正常的哀伤，更好地完成哀悼的各项任务。哀伤治疗则会使用第 6 章中谈到的专门技术，去帮助那些有异常哀伤反应或复杂性哀伤反应的人。

有人认为，用咨询来帮助人们处理急性哀伤的做法有些草率。弗洛伊德（Freud，1917/1957）认为哀伤是一个自然过程，并在《哀悼与忧郁》一文中提出这一过程不应该被干预。但其实，家庭、宗教组织、葬礼仪式和社会习俗一直以来都促进着哀伤过程。不过，时代不同了，如今一些难以完成自身哀悼任务的人会寻求专业咨询，让咨询师帮助他们应对自己无法应对的想法、情感和行为。还有一些人虽没有直接求助于咨询，但通常也会接受别人提供的帮助，尤其是在他们无法独自应对丧失的时候。我认为当传统方法对某些人效果不佳或不易实现时，哀伤咨询会是一种有效的补充。虽然由心理健康工作者提供正式干预有可能会让人觉得哀伤是病态的，但是实际上专业的哀伤咨询并不会给人这样的感觉。

哀伤咨询的目标

哀伤咨询的总体目标是帮助生者适应丧亲，习惯没有逝者的新生活。对应于哀悼的四项任务，哀伤咨询有四个具体目标：①帮助来访者增强丧失的现实感；②帮助来访者处理情绪和行为的痛苦；③帮助来访者克服重新适应过程中的阻碍（外部的、内部的或精神上的）；以及④帮助来访者在重新投入生活时找到记住逝者或与逝者保持联结的方法。

由谁来做哀伤咨询

有几类咨询师可以促使哀伤咨询目标的达成。帕克斯在他 1980 年的文章《丧亲咨询：管用吗》（Bereavement Counselling：Does It Work？）中概述了三类基本的哀伤咨询。第一类是专业咨询服务，由受过专业训练的医生、护士、心理学家或社工为遭受了重大丧失的人提供支持。这类服务可以是一对一的，也可以是团体形式的。第二类是由经过筛选和训练的志愿者提供的咨询，会有专业人员协助这些人。丧夫者互助项目就是一个很不错的例子，它最早是由哈佛社区精神病学实验室设立的（Silverman，1986，2004）。第三类是自助团体，由一些丧亲者为另一些丧亲者提供帮助，不一定有专业人员的协助。温馨互助伙伴项目（The Compassionate Friends）就属于这一类。当然，这类服务可以是一对一的，也可以是团体形式的。

值得我们注意的是，随着安宁疗护运动在美国的兴起，人们重新开始关注丧亲领域。如果你查阅安宁疗护的指导原则就会发现，全面的安宁疗护项目的一个很重要的要求就是为项目的临终者家庭及其他丧亲者提供咨询和支持（Beresford，1993；Conner，2017；Wordern，2002）。尽管从姑息治疗中心、独立机构到家庭护理都有安宁疗护项目，但无论项目是在哪种设置下，大家都有这样一个共识——完整的临终关怀服务工作应该既包括逝者去世前的服务，又包括逝者去世后的服务。多数安宁疗护项目所提供的咨询都会采用专业人士和志愿者联合工作的方式。

何时开始哀伤咨询

在多数情况下，哀伤咨询最早在葬礼后的一周左右开始。一般来说，除非咨询师和丧亲者在逝者死亡前曾联系过，不然咨询师在葬礼后的第一天就联系丧亲者就为时过早。丧亲者此时仍处于麻木或震惊的状态，还没准备好着手处理自己的混乱。在人们能预感到亲人即将过世的情况下，咨询师可以事先与家属取得联系，在丧亲的时候再与家属简单联络一下，之后在葬礼结束后的一周左右进行进一步联系。不过这也不存在一定之规，这个时间安排也不是确定不变的规则。什么时候做哀伤咨询，实际上要视死亡情境及咨询的角色与设置而定。从我们在哈佛的研究来看，有的人在配偶去世的三四个月后才能意识到自己失去了什么（Parkes & Weiss，1983；Worden，1996）。

在何处做哀伤咨询

虽然哀伤咨询可能会在专业工作室内进行，但不一定非得如此。我就在医院的很多地方做过哀伤咨询，包括医院的花园和其他非正式的场合中。一个可以被有效利用的场地是丧亲者的家，进行家访的咨询师会发现这是最适合进行干预的地方。帕克斯（Parkes，1980）对此表示支持并说道："电话联系和工作室内的咨询都无法替代家访。"（p.5）尽管咨询师要与来访者明确会谈的目的和目标，与来访者明确合同，但会谈并不一定要在正式的工作室中进行。不过，哀伤治疗更适合在专业环境设置下进行，而不是在家中或其他非正式的地方。

给谁做哀伤咨询

哀伤咨询大体上有三种取向（也可以说是理念）。第一种理念认为应该为所有经历了与死亡事件相关的丧亲者提供哀伤咨询，尤其是那些失去了父母或孩子的家庭。这一理念背后的假设是死亡事件对当事人而言是非常具有创伤性的事件，我们应该向所有当事人提供咨询。尽管这一理念是可以理解的，但由于成本过高和其他因素，我们不可能提供如此大范围的普遍帮助。此外，我们的研究也表明，并不是每个人都需要接受咨询（Worden，1996）。多数人在没有获得帮助的情况下也可以应对良好。帕克斯（Parkes，1998）曾深刻地评论道："没有证据表明所有丧亲者都能从咨询中获益。研究发现，仅因为人们经历了丧亲就被例行转介到咨询中去，这对他们并没有帮助。"(p. 18)

第二种理念假定某些丧亲者是需要帮助的，但他们会在遇到了困难，并意识到自己需要帮助时才去求助。这一理念比第一种效益更高，但个体在寻求帮助之前会经历一定程度的痛苦。不过有证据表明，主动寻求咨询的人会比那些被动接受咨询的人受益更多（Schut，M.Stroebe，& van den Bout，2001）。

第三种理念是在预防性心理健康模式的基础上发展出来的。如果我们能预测出谁会在丧亲后的一两年中感到困难，就能通过早期干预来防止这种对丧失的适应不良。帕克斯和韦斯（Parkes & Weiss，1983）和同事们在哈佛丧亲研究中采用了这一理念，在该研究中，显著预测因子识别出了小于 45 岁的高危丧偶者。

这个研究项目在丧偶者配偶去世后三年内定期对他们进行描述性研究，找出了其中一批在丧偶 13 个月及 24 个月后适应不良的人，收集了他们的早期数据用于确定高危人群的显著预测因子。以下内容就是在这项意义重大的研究中对高危丧夫人群的描述。关注的重点之所以是丧夫者，是因为丧夫者的人数显著多于丧亲者，在美国，两者的比例是 5∶1。研究中，没有一个女性符合所有的高危标准。这组综合指标能让我们知道哪类女性是有风险的，以便及早发现并提供咨询，这可能会帮助她们更恰当地应对哀伤。

识别高风险的丧亲者

对丧亲适应不良的女性往往是那些带着孩子的、身边没有近亲帮忙、社会支持系统较差的年轻女性。她们胆小，依赖他人，过度依靠丈夫或对丈夫有着矛盾的情感，并且文化和家庭环境不允许她们表达自己的感受。她们之前对待分离时的表现很糟糕，还可能有抑郁既往史。丈夫的去世给她们带来了更多的生活压力——收入减少、搬家的可能、与同样在努力适应丧失的子女相处困难。起初她们似乎能应付得不错，但情绪逐渐被强烈的思念、自责、愤怒占据了。随着时间的推移，这些感受不仅没有减弱，反而持续增强了（Parkes & Weiss，1983）。

贝弗利·拉斐尔（Beverley Raphael）在另一个具有里程碑意义的研究中尝试对高危丧夫者和丧妻者进行识别。拉斐尔（Raphael，1997）在对澳大利亚的丧偶者的观察中发现，以下特征是一个人在丧亲一两后年适应不良的显著预测因子。

1. 在丧亲危机中，丧亲者的社会网络中存在高度非支持性。

2. 在有死亡创伤情境的丧亲危机中，丧亲者的社会网络中存在中度非支持性。

3. 与逝者有非常矛盾的婚姻关系，存在死亡创伤情境，以及未满足的需要。

4. 同时出现其他生活危机。

多伦多克拉克研究所（Clark Institute）的谢尔登等人（Sheldon et al.，1981）对 80 位丧夫者进行了丧亲适应的研究，发现有四类重要的预测因子。这四类因子是社会人口统计学变量、人格因素、社会支持变量和死亡事件的意义。在所有预测因子中，社会人口统计学因素（如年轻且社会经济条件低）对后期痛苦反应的预测性最强。

在哈佛儿童丧亲研究中，我们对那些丧偶且要养育学龄子女的人进行了高痛苦预测因子研究。我们发现在丧亲后一周年左右，痛苦感最强烈的是那些丈夫意外死亡且在丈夫去世四个月后仍体验到高压力与痛苦的女性。这些女性家中有较多 12 岁以下的子女，在丧亲的最初几个月中，她们还遇到了许多生活上的改变和应激源（Worden，1996）。

这种预测方法也可以应用于除配偶外的其他家庭成员。英国圣·克里斯托弗安宁疗护中心（St. Christopher's Hospice）的帕克斯和韦斯（Parkes & Weiss，1983）用八个变量构成的丧亲风险指数确定了需要特殊帮助的家庭成员。如果某位家庭成员在死者去世四周后的评估中符合以下几个方面的情况，那他就需要接受干预。

1. 家中小孩较多
2. 社会阶层较低
3. 就业情况差（如果有工作的话）
4. 愤怒情绪程度高
5. 对逝者的思念过多
6. 自责程度高
7. 目前缺乏人际关系
8. 经由评估人员评估认定需要帮助

基桑（Kissane）和同事（Kissane & Bloch，2002；Kissane & Lichtenthal，2008；Kissane et al.，2006）开发了一个居丧期风险指数来识别会对丧亲产生适应不良的家庭和成员。贝克威思和同事们（Beckwith and colleagues，1990）在北达科他州安宁疗护中心使用基桑的预测方法，发现了那些在伴侣去世后的第一年存在风险的人，其特点包括年纪较轻、家中孩子较小、社会经济地位低、近亲较少、收入下降。

如果我们能有一套适用于所有丧亲者的预测方法那该多好。可惜，事不遂人愿。不同群体的风险预测因子是不同的，虽然两者可能有部分重合。临床医生想要使用预测方法，就需要进行仔细的描述性研究，收集丧亲早期的测量数据，然后对未接受干预的被试做系统性的定期随访，这样就能发现哪些早期测量数据能更好地预测出被试后期的适应困难。预测因子的选择可参考第 3 章中列出的哀悼的重要影响因素。我们在研究父母去世的学龄儿童时用了这样的方法。在这个纵向研究中，我们找出了那些在丧亲两年后适应不佳的孩子，用从这些孩子及其家庭中收集到的信息开发了一个准确率很高的测评工具，用于对这类儿童进行早期识别，从而能够对他们及早做出干预。在沃登（Worden，1996）的书中有对这一测评工具及其发展情况的介绍。

作为建立复杂哀伤概念工作的一部分，普利格森与其同事（Prigerson and colleagues，1995），以及普利格森和雅各布斯（Prigerson & Jacobs，2001）开发了一款名为《复杂性哀伤问卷》(Inventory of Complicated Grief，ICG）的工具。不过，这个量表与其说是一种预测工具，不如说是一种描述性工具，它评估了哀悼者当下的情况和体验。这就像测量人当下的体温一样。这类似于使用《得克萨斯修订版哀伤量表》和《霍根哀伤反应清单》对当下状况做评估。但《得克萨斯修订版哀伤量表》还是具有一定预测功能的，研究表明，哀悼者早期使用 ICG 测得的分数与其后期的《得克萨斯修订版哀伤量表》得分具有强相关性。这样相关人员就可以在早期发现高分哀悼者，为他们提供某种干预，以防止日后出现不良后果。

咨询原则与程序

无论我们采用哪种哀伤咨询理念和环境设置，要使咨询更有效，都要遵循一些原则和流程。以下内容是为咨询师提供的参考指导，便于咨询师能帮助来访者度过急性哀伤，形成对丧失的良好适应。

原则1：帮助生者接受丧失的现实

当人们失去重要他人时，即便他们在事前已对死亡有所预料，仍会产生一种不真实感，感觉死亡事件似乎并没有发生。因此，第一项哀伤任务就是要让生者更彻底地意识到丧失已经发生了，人死不能复生。生者必须先接受这一事实，才能处理丧失对自己情绪的影响。

怎么帮助一个人真切地意识到丧失确实发生了呢？最好的方法之一是鼓励他们谈论丧失。咨询师可以鼓励来访者说出死亡在哪里发生的，怎么发生的，是谁告诉他的。当他听到这个消息的时候他在哪。葬礼如何。葬礼上说了什么。所有这些问题都是为了帮助来访者围绕死亡事件前后的情况进行明确的讨论。有些人需要在脑中一遍又一遍地回顾丧失事件，才能真正充分接受丧失发生的事实。这个过程需要一些时间。我们研究中的一些丧夫者说，她们花了长达三个月的时间才开始相信和理解伴侣去世了，再也不会回来了。莎士比亚也认为谈论丧失是重要的，他借由笔下人物麦克白之口告诫人们："悲伤若不说出口，就会摧毁你那压力重重的心，使其破碎。"

去墓地，或者去存放或抛洒骨灰的地方，同样能帮助人们意识到失去亲人的事实。与来访者探讨他们是否去扫过墓，他们对扫墓有什么感觉。如果他们不去扫墓，就询问他们对扫墓的想象。扫墓虽源于文化观念与习俗，但也能提供一些线索，以了解人们对第一项任务中的完成情况。我们需要鼓励一些丧亲者去扫墓，作为他们解决哀伤问题的一部分。提这类建议需要谨慎、敏锐，还要注意时机。

咨询师要能成为一位耐心的倾听者，持续鼓励来访者谈论丧失。在一些家庭中，当丧夫者说到死亡事件时，得到的回应是："别说了，我知道发生了什么。你为什么总提这些来折磨自己呢？"家庭成员没有意识到她需要谈这些内容，因为这样可以帮助她理解并处理死亡现实。咨询师不会像家庭成员一样不耐烦，他们会鼓励来访者用言语把当下和过去对死者的记忆都表达出来，从而促进来访者越来越能意识到丧失及其产生的影响。

原则 2：帮助生者识别和体验感受

在第 1 章中，我概述了哀伤中的人有何感受，其中很多感受都会让人不安。由于这些感受会给人带来痛苦和不适，所以人们可能不愿去接受或深度体验它们，以至于无法有效处理它们。一些来访者来找我们，是因为他们想从痛苦中得到即刻的解脱。他们想要一颗能缓解痛苦的药，但帮助他们接受并经历痛苦才是干预的主要工作。对生者而言最难应对的感受是愤怒、内疚、焦虑、无助和悲伤。

愤怒

所爱之人的去世，常让人感到愤怒。"对我有帮助的是那些关心我、听我大吵大闹的人。"一位 20 多岁的丧妻男子如是说。我认为愤怒可能有两个来源：沮丧和退行的无助感。无论来源是哪个，确实有很多人体验到了强烈的愤怒，但他们常常不把愤怒指向逝者。愤怒是真实的，且必须有去处，所以如果愤怒不指向逝者（真正的愤怒对象），就会转向其他人，比如医生、医院工作人员、葬礼负责人、神职人员或家庭成员（Cerney & Buskirk，1991）。

如果愤怒没有被指向逝者或者转向他人，就可能反转指向当事人自己内部，让当事人体验到抑郁、内疚或低自尊。在极端情况下，指向内部的愤怒可能导致自杀的行动或念头。有胜任力的哀伤咨询师总是会询问来访者关于自杀意念的问题。"情况这么糟糕，那你会想到要自伤吗？"这样一个简单的提问更容易引出积极的结果，而不会促使对方采取自我毁灭的行动。自杀想法也不总意味着指向内部的愤怒，它们也可能源于与逝者重聚的渴望。

有些愤怒的感受来自居丧期间体验到的强烈痛苦，咨询师可帮助来访者了解这些感受。不过，大多数情况下，直接谈论愤怒议题没有多大效果。例如，很多时候如果你问："你对他的去世感到愤怒吗？"对方会回答："我怎么会对他的去世感到愤怒呢？他并不想死。他是心脏病发作。"或者会像我曾经帮助过的一名丧偶的女性一样回答道："我怎么能愤怒呢？他是一名虔诚的教徒，非常相信来世。他现在一定过得更好了。"而事实是，这位女士自己过得更糟了。丈夫离开了她，给她留下了很多担忧与顾虑，我们不必深入挖掘就可以发现她对丈夫撒手人寰并留给自己这么多问题而感到强烈的愤怒。

如果你直接询问有关愤怒的事，很多人并不会承认。他们要么没有意识到这种感受，要么遵从不说逝者坏话的文化戒条。我发现间接、有效的询问方式是使用"怀念"这个低强度的词。我有时会问生者："你怀念他的什么？"对方会列出一串内容，这些内容让他们伤心哭泣。过一小会儿，我会问："你不怀念他的什么？"通常对方会顿一下并露出吃惊的表情，随后会说："嗯，我从没想过这一点，不过既然你提了，我会说我不怀念他喝酒过量并且不按时回家吃晚饭。"除此之外，对方还会说很多其他事情。然后这个人就开始承认自己有一些消极感受。不过，重要的不是让来访者停在这些消极感受上，而是去帮助他们在关于逝者的积极和消极感受中找到更好的平衡，让他们意识到消极感受并不会妨碍积极感受，反之亦然。在达成这一目标上，咨询师发挥着积极作用。另一个好用的词是"失望"。我会问："他什么地方让你感到失望？"任何亲密关系都存在令人失望的地方。失望这个词包含了忧伤和愤怒的感受。使用"不公平"这个词在这里也会很有效。

在有些情况下，生者对逝者只有消极感受，此时帮生者找到一些相应的积极感受就很重要了，即便这样的感受可能较少。人一旦承认遭遇了重大丧失，就更清晰地感受到悲伤，而仅抱有对逝者消极感受可能是人们逃避悲伤的一种方法。要使一个人的哀伤得到充分且健康的解决，就必须使其承认对逝者的积极感受。这些来访者的问题不是他们对诸如愤怒这类不安感受的压抑，而是对爱的压抑。

迈克23岁时，他酗酒的父亲去世了。多年来，迈克觉得自己是被父亲虐待的。"他让我对他产生依赖，我总是回到他那里去讨要一些我从没得到的东西。他死后,我曾想恨他。"迈克的父亲去世后三年,一个年长的男性朋友帮助了迈克。有一天晚上,当迈克准备睡觉前,这位朋友触摸了他,用的就是迈克儿时他父亲把他放在床上时所用的方式。这让迈克脑中出现了父亲的葬礼及父亲躺在棺材中的真切意象。伴随这一意象出现的是强烈的悲伤,同时他意识到自己多么怀念父亲的爱。他试图克服这些感受,他告诉自己,脑中出现的躺在棺材中的人不是自己的父亲,但这并没有用,悲伤还是占了上风。"我从没得到过父亲的爱,我怎么会怀念他的爱呢?"他来治疗的时候这样问我。通过我的干预,他开始能够获得更平衡的感受了。他逐渐形成了这样的想法:"我爱父亲,但是他由于自身的家庭教养经历,无法表达他对我的爱。"迈克从此找到了解决的方法,获得了解脱。

对消极情绪的强烈关注可能让哀悼者在丧亲适应中产生复杂的问题,使他们更需要治疗性干预(Neimeyer,2003)。毫无疑问,平衡才是最健康的,高明的咨询师需要帮助来访者做到这一点。我们在治疗培训中认识到,向来访者阐释这一点的时机至关重要。当咨询师请一个关注消极感受的哀悼者去思考可能的积极感受或从丧失中获得的成长意义时,一定要谨慎。过早发出这样的邀请,可能会让哀悼者感到自己没有被尊重,他们丧失亲人的体验没有得到确证(Gamino & Sewell,2004)。

内疚

很多事可以导致人们在丧失后产生内疚感。例如,生者可能觉得自己没有提供更好的医疗照顾,不该同意手术,没有早点送去看医生或没有选对医院。失去子女的父母非常容易感到内疚,内疚于他们认为自己没能帮助子女免受伤害或远离死亡。有的人会因为自己没有体验到自认为该有的悲伤而内疚。无论原因是什么,此类内疚大多都是非理性的,并且与死亡情境相关。对此,咨询师可以通过现实检验帮助来访者克服非理性的内疚感。如果有人说:"我做得不够。"我就会问:"那你做了什么?"然后对方会说:"我做了那件事。"接着我问:"那你还做了什么?"对方回答:"嗯,我做了这件事。"我问："还有什么？"对方答："我还做了那件事"。然后这个人会想起越来越多的事，他会说："我做了这些、那些。"之后，他会自己得出结论："可能我已经做了在当时我所能做的所有事情了。"这种技术叫作内疚的现实检验。

不过确实存在一种有现实依据的内疚，生者确实负有责任，这种情况非常难处理。我曾在团体治疗中使用心理剧技术帮助人们克服这种内疚。在一个这样的团体中，一名叫维姬的年轻姑娘承认在她父亲去世的那天晚上，自己和男友待在一起，没有回家。她感到自己对不起父亲、母亲、哥哥和自己。在心理剧中，我让她从团体中选出不同人来扮演家庭成员，包括她自己。然后我让她与每个角色对话，承认她的错误行为，然后让她去听剧中每个角色给她的反馈。整个过程非常感人，最动人的可能是结尾部分，维姬拥抱了那个扮演她的人。在那一刻，她体验到了自我和解与疗愈。

M. 斯特罗毕（M. Stroebe，2014）和同事们在一项关于内疚（自责与懊悔）的纵向研究中分析了内疚对哀伤和抑郁的影响。他们发现自责而非懊悔是哀伤的最重要决定因素，而自责与抑郁并无关系。

焦虑和无助

亲人去世后，生者常常会感到非常焦虑和恐惧。焦虑是与所爱之人分离时的正常依恋反应，在成人和孩子身上都会发生（Shear & Skritskaya，2012）。这种焦虑多来源于无助感，即感到自己无法独立生活或独自生存。这是一种退行体验，通常会随着时间的推移而减轻。人们会逐渐意识到尽管独自生活很难，但自己也能应付。咨询师要做的是通过认知重建帮助丧亲者发现在丧失前自己是如何独立应对事情的，这有助于他们从某种程度上正确处理自己的焦虑和无助感。

焦虑还源自个人死亡觉察（death awareness）的增加（Worden，1976）。个人死亡觉察不是对广义上的死亡或者对其他人死亡的觉察，而是对自身死亡的觉察。这是我们所有人都会有的，是徘徊在意识后台的。它时不时会跑到意识前台来，比如当我们的同龄人去世或者自己险些在高速上发生事故时。

对大多数人而言，我们的个人死亡觉察程度是较低的。然而，丧失重要他人，无论这个人是好友还是家人，都会加强我们对自己生命有限性的觉察，导致存在性焦虑的产生。此时，咨询师有几个方向可以走，具体选哪个方向要视来访者的情况而定。对有些来访者，咨询中不要直接处理这一议题，最好是不去管它，这样死亡觉察会自行减轻和淡化。对另一些来访者，则要直接处理这一议题，让他们谈论对自己死亡的恐惧和担忧。向咨询师清晰表述这些内容可以带给来访者一种解脱感，他们倾诉了自己的烦忧并探索了一些可能。总之，咨询师要自己判断对当事人而言往哪个方向走更恰当。

悲伤

有些情况下，咨询师需要鼓励来访者悲伤和哭泣。人们常常拒绝在朋友面前哭泣，因为他们害怕这会给人际关系带来负担，或者失去友谊，这样他们就要承受另一个丧失。有些人在社交场合会克制自己流泪，以避免他人的非议。有个丧夫者曾碰巧听到熟人这样说："都过去三个月了，她应该振作起来，走出自我怜悯的状态。"不用说，这种说法既不能帮她应对悲伤，也不能为她提供所需的支持。

有些人担心在他人面前哭泣会有失体统，让别人感到尴尬。斯特拉4岁的女儿猝然离世，葬礼在美国的公婆家举行，那里离孩子去世的地方有些距离。斯特拉习惯于公开表露哀伤，但是她的婆婆在葬礼上隐忍克制的表现导致她不仅压抑了自己的悲伤，还要求她的母亲也这样做，以免让夫家人感到难堪。咨询师帮助她正确看待这个状况，并允许她哭泣，而这是她需要却又一直不允许自己做的。

独自哭泣也许有用，但可能不会像有人陪伴在侧并得到他人支持那样有效。"然而，仅仅哭泣是不够的。丧亲者需要有人协助自己来澄清泪水

的意义。随着处理哀伤工作的推进，这个意义也会有所改变……"（Simos，1979，p. 89）

咨询师不能只满足于让来访者表达强烈的情绪。仅仅表达情绪并不是工作的重点，体验情绪才是。事实上，在丧失后最初几个月里情绪最强烈的人，更可能在一年后情绪依然很强烈（Parkes，2001；Wortman & Silver，1989）。关键是要明确重点。悲伤一定伴随着意识到自己失去了什么，愤怒需要有恰当且有效的目标，内疚需要被评估和解决，焦虑需要被识别和管理。不管来访者有多少或多深的感受被唤起了，如果咨询工作脱离了这些重点，就不会发挥作用（van der Hart，1988）。

除了把握重点之外，还需要把握平衡。丧亲者必须达到某种平衡，让自己体验痛苦、丧失感、孤独、恐惧、愤怒、内疚和悲伤；了解和感觉自己的灵魂深处发生了什么；体验悲痛并把它表达出来；不过要分次做这些事，这样丧亲者才不会被这些感受淹没（Schwartz-Borden，1986，p. 500）。

学会调节情绪强度是适应丧失的一个重要部分。丧亲者需要直面强烈的情绪，然后与情绪保持距离一段时间，再重新投入（M. Stroebe & Schut，1999，2010）。

原则3：协助生者在失去逝者的情况下继续生活

这一原则是指，咨询师通过提升人们在亲人去世后继续生活及独自做决策的能力，来帮助他们适应丧失。要做到这一点，咨询师可以使用问题解决的方法，去了解"生者面临什么问题，要怎么解决"。"问题解决"是我们第3章中提到过的应对方式之一。有些人比其他人有更好的问题解决能力。逝者曾在生者的生活中扮演不同角色，生者对丧失的适应能力部分取决于这些角色是什么。家庭中的一个重要角色是决策者，丧偶后，这一角色常常会引发问题。在亲密关系中，有一方（通常是男方）是主要决策者。丈夫去世后，妻子在面临独自做决定时会感到不知所措。咨询师可以帮助妻子学习有效的应对和决策技能，让她能够接替之前由丈夫承担的决策者角色，减轻她的情绪痛苦。研究者在一项重要的研究中得出结论，掌控感的增强能有效地支持那些易产生丧偶适应不良的人（Onrust，Cuijpers，Smit & Bohlmeijer，2007）。

在失去伴侣后，另一个需要关注的重要角色缺失是性伴侣的缺失。有的咨询师在处理这个议题时犹豫不决，有的咨询师则过分强调这个议题以致来访者感到不适。60岁的家庭主妇丽塔在丈夫突然离世后受邀加入一个丧夫者团体。一位好心却技术欠佳的咨询师告诉她，团体会帮助她找到新的伴侣，满足性需求。这位自我压抑的女性并不想听到这些话，于是她拒绝加入团体。如果当时咨询师能用另一种不同的方式去表述这一话题，那么丽塔也许会加入团体并在其中得到帮助。来访者能够讨论出现的性感受（包括需要被抚摸和被拥抱）是很重要的。咨询师可以提出适合来访者个性和价值观的建议。有些人只与去世的另一半有过性关系，所以咨询师可能需要帮他们解决新的性关系带来的焦虑（Hustins，2001）。

通常来说，我们不鼓励刚刚丧亲的人在亲人去世后过早地做出改变生活的重大决定，比如出售财产、换工作或职业、收养孩子。人处于急性哀伤期时，存在不良反应增高的风险，很难做出好的判断。"不要搬家或卖东西，因为你可能是在逃避。请在你熟悉的环境中解决悲伤。"我们的丧夫者团体中的一位成员曾这样建议。

另一位丧夫者在丈夫自杀后就马上从纽约搬到了波士顿。她告诉我说："我以为这样可以让我对他的想念少一些。"她在波士顿待了一年后发现这个方法并没什么用，于是寻求治疗。她当时没有充分评估自己的支持系统——在纽约她的支持系统很充足，在波士顿却非常贫乏。咨询师在劝服丧亲者别太早做改变人生的重大决定时，要当心不要增加对方的无助感。咨询师应该告诉他们，不要仅仅为了减轻痛苦而做决策，当他们准备好的时候，自然有能力做决策并采取行动。

原则4：帮助生者在丧失中找到意义

哀伤咨询的目标之一是帮助来访者在至亲的死亡中找到意义。咨询师能协助来访者完成这一目标。找寻意义的过程本身可能和找到的意义一样重要。施瓦茨贝里和哈尔金（Schwartzberg & Halgin，1991）曾写道：

> 人们找寻意义的具体方式，诸如"宇宙自有其精神秩序""她喝得太多了""我需要去学一些东西"等，可能不如找寻意义的过程本身重要。换句话说，对改变的生活重新赋予意义的能力比意义的具体内容更重要。（p. 245）

创伤性死亡对寻找意义的人而言尤其具有挑战性（Davis，Harasymchuk & Wohl，2012）。一些无法为"死亡为何会发生"这一问题找到答案的人，投入了与逝者死亡方式有关的慈善事业和照顾活动中。一名少年在一场校外火灾中丧生，他的父母设立了一个纪念他的网站，并以他的名义建立了一个基金，游说火灾发生的社区改善了烟雾报警检查流程。在孩子的死看起来毫无意义、毫无必要的情况下，这些活动帮助这对父母相信孩子的死并不是毫无价值的。

从丧失中找到意义，生者不仅需要努力理解这件事为什么会发生，还需要理解为什么这件事会发生在自己身上，自己会因为这次丧失而有何不同。有的丧失会挑战一个人的自我感知，它会挑战一个人对自我价值的认识。这似乎是由于丧失（尤其是创伤性丧失的影响）所造成的幻觉。自尊的丧失往往伴随着自我效能感的丧失，最好的干预方法是让这些人意识到自己能成功地控制一些事，以此帮助他们重建掌控感。

内米耶尔、克拉斯和丹尼斯（Neimeyer，Klass & Dennis，2014）认为，建构意义不仅是一个内心的过程，也是一个社会性的过程，因为丧亲群体要从死亡事件中为与丧失有关的更宽泛的群体寻找意义。个人或家庭为亲人去世所找到的意义，还必须考虑到更广泛的主流社会认知和更宽泛的社群能否理解。

原则5：帮助生者找到纪念逝者的方式

回忆和纪念逝者是犹太－基督教的一个悠久传统。在"最后的晚餐"中，耶稣跟他的信徒们建立了圣餐仪式，并交代他们："用这样的方式来纪念我。"在戏剧《安娜斯塔西娅》(Anastasia) 中，年轻的公主在年迈的祖母回巴黎前最后一次去看望她。在道别之际，祖母给了安娜斯塔西娅一个玩具并对她说："请在每次玩这个玩具的时候想起我。"通常那些失去亲人的人会留一些物品作为纪念。我认识的一个男人保留了一摞他父母之间的情书，以此来纪念他们及他们之间的那份爱。回忆是悲伤处理的一部分。

然而，丧亲者通常会害怕自己将遗忘逝去的亲人。一些来访者曾向我表示他们害怕随着时间的推移，自己会忘记逝者。咨询师可以和来访者谈论这些担心，以及可以如何通过物品、仪式、个人特征和共同的价值观等方式记住逝者。上文提到的家族基金不仅是这个家庭为儿子的悲惨死亡赋予意义的一种方式，也是纪念儿子的一种方式。

咨询师可以通过帮助生者对关于逝者的回忆和情感进行重新定位，来帮助他们在生活中为逝去的亲人找到一个新的位置，让生者可以继续自己的生活。有些人不需要这样的引导，但有些人需要，尤其是在失去伴侣的情况下。一些人不愿意发展一段新的亲密关系，是因为他们认为这样做是对已故伴侣的不敬，或觉得没有人能够取代已故者的位置。从某种程度上讲，这可能是对的，但咨询师可以帮他们意识到，虽然逝去的人无法被替代，但可以用新的友谊或亲密关系来填补空白。在生活中拥有一些新的人和关系，并不是对已失去的关系的否定，也不意味着对逝者的遗忘。

相反，有些人不是不愿意，而是很快进入一段新的关系中。咨询师要帮他们去理解这样做是否恰当。"如果我能再婚，一切就都会好起来。"一名丧夫者在丈夫去世后不久这样说。多数情况下，这样做并不恰当，因为它阻碍了对哀伤的充分处理，还可能导致离婚，这就成了又一次丧失。我曾遇到一名男性，他在妻子的葬礼上选中了自己的下一任妻子。他成功地追求到了对方，很快让她替代了已故妻子的位置。我认为这样做既离奇又不妥。匆忙寻找一个替代者可能会让人一时感觉好一些，但也使他体验不到丧失的强烈与深刻，而这是人在结束哀伤前必须经历和体验的。此外，生者必须认可和欣赏新的关系对象，这段新关系才能真正成功。

原则6：为哀伤留出时间

哀伤需要时间，它是一个适应没有逝者的生活的过程，这一过程是渐进的。家庭成员可能会阻碍这一过程，因为他们迫切希望丧失和痛苦能快点过去，能回到正常的生活中去。子女有时候会对母亲说："快一点呀，你得回到生活中来。爸爸不希望你总是闷闷不乐。"他们没有意识到适应丧失及其带来的所有后果是需要时间的。在哀伤咨询中，咨询师可以向家人解释这一点。虽然这一点似乎是显而易见的，但奇怪的是，家庭成员往往看不清楚。

我发现丧亲者在某些时间点会感到非常难熬，建议从事哀伤咨询的人要认识到这些关键的时间点，而且如果咨询师与丧亲者没有定期持续联系的话，就需要在这些时间点去联系他。死亡事件发生后三个月就是这样一个时间点。我和一个家庭工作了几个月，那段时间这家人中的父亲正在与癌症做斗争。他去世后，我参加了他的葬礼。这名父亲是个牧师，他的遗孀和三个孩子在葬礼上及葬礼后得到了非常大的支持。我在他去世三个月时联系了他的遗孀，发现她非常愤怒，因为没有人再给她打过电话，人们都躲着她，她把自己的愤怒转移到了接替自己丈夫职位的那个新来的牧师身上。

另一个关键的时间点是在逝者去世一周年前后。如果咨询师与生者没有定期联系的话，我会建议在这个时间段联络一下。在这个时间段，生者的各种想法和感受都会涌现出来，他们常会需要一些额外的支持。对于孩子和成人来说都是如此（Worden，1996）。咨询师最好能在日程表上标记出逝者过世的日期，提前看好关键时间点在哪天，以做好联系生者的安排。对有些人来说，节假日是最难熬的。对此，一种有效的干预是帮助来访者预料到这一点并提前做好准备。"在圣诞节来临前先想一想，确实对我有帮助。"一个丧夫的年轻母亲这样说。

此外，你与生者联系的频繁程度取决于你们的关系及咨询合同的约定，联系可以是正式的，也可以是非正式的。但我想说的是，哀伤需要时间，咨询师要认识到干预可能会持续一段时间，尽管生者的实际接触可能并不频繁。如果你对周年纪念日的跨文化视角感兴趣，可以参阅周（Chow, 2010）的文章。

原则 7：阐释正常的表现

第 7 项原则是理解并阐释正常的哀伤表现。很多人在遭遇重大丧失后都会有一种自己要疯了的感觉。这种感觉可能会加剧，因为他们常常会心烦意乱，经历平常生活中不常见的事情。如果咨询师能清楚地知道哪些是正常的哀伤表现，那就能给丧亲者带来一些安心，让他们理解出现这些新状况是正常的。很少有人会因为经历了丧失而心理崩溃、精神失常，但也有特殊情况，这些人曾有过精神病发作或者被诊断为边缘型人格障碍。不过对于丧亲者来说，感觉自己精神失常是很普遍的，尤其是那些之前没有经历过重大丧失的人。如果咨询师知道诸如幻觉、注意力分散和对逝者的念念不忘都是正常的表现，那么丧亲者就能从咨询师那里得到安慰。我们在第 1 章中列出了一些常见的哀伤表现。

原则 8：考虑个体差异

哀伤的行为反应是多种多样的。正如逝者的死法都不尽相同，每个人的哀伤方式也不同。哀伤这一现象有着巨大的个体间差异，它在情感反应强度、受损程度，以及个体体验到的丧失带来的痛苦感受的时间长短方面存在着明显的个体差异（Schwartzberg & Halgin, 1991）。可是，有些家庭对此不太了解。当某个家庭成员表现得与其他人不同时，后者会觉得很不舒服；或者那个和家里其他人的体验不同的人，可能会对自己的表现感到不安。咨询师要向这种期待所有人都以相同方式进行哀伤的家庭解释哀伤的个体差异性。

在哈佛儿童丧亲研究中，还在世的父母会关注孩子是否在用健康的方式处理哀伤，这一情况并不少见。他能在悲伤的孩子身上看到各种各样的表现。重要的是让这些父母安心，让他们知道每个孩子都有不同的个性和应对方式。而且，每个孩子与已故父母的关系情况也不一样。

父亲的去世，对 13 岁女儿和对 9 岁儿子而言，意义非常不同。咨询师向在世的父母澄清这些，可以帮助他们缓解焦虑（Worden，1996）。

有一次我演讲后，一个年轻女性找到我，想跟我谈谈她的家庭。她的父母那时刚刚失去了一个年幼的孩子，她和母亲为此而哀伤，但她担心父亲可能没有充分地哀伤，从而导致哀伤反应受阻。在和她的交谈过程中，我得知她的父亲自己扛着小棺材，一路从教堂穿过了小镇，一直扛到墓地。她说，她的农民父亲自从孩子死后就长时间独自待在田里的拖拉机上。我觉得她的父亲就是在哀伤，不过是在用他自己的方式而已。我的这一判断在她之后寄来的信中得到了印证。

原则 9：检视防御和应对方式

第 9 项原则是帮助来访者检视自己的防御和应对方式，它们会由于经历了重大丧失而突显出来（第 3 章中有理解应对方式的范例）。在来访者和咨询师之间建立起信任关系之后，来访者会更愿意讨论自己的行为，此时开展这项工作就较为容易了。其中有一些防御和应对方式是不错的，另一些却不是。例如，一个以过度使用酒精或药品为应对方式的人，很可能无法有效地适应丧失。

> 少量饮酒可助眠、降低焦虑和减少思维反刍，让哀伤的生者在饮酒中找到慰藉，有时这会导致酒精用量逐渐增加，最终到达失去控制或强迫性饮酒的程度。那些本来正在戒酒的或者有酗酒家族史的丧亲者最可能存在这类风险。（Shuchter & Ziscook，1987，p. 184）

咨询师对此需保持警惕，要询问丧亲者的酒精或其他药物的使用/滥用情况。过量使用药物和酒精会增强哀伤和抑郁的体验，破坏哀悼的进程（Stahl & Schulz，2014）。如果丧亲者存在或疑似存在这样的问题，咨询师最好采用激进的治疗态度，包括转介匿名戒酒协会。总体而言，积极的情绪应对往往是处理包括丧亲在内的问题的最有效方法。积极的情绪应对包括使用幽默，能够重构或重新定义困难情境，能够做好情绪管理，以及接受社会支持。回避型的情绪应对往往是最无效的，尤其是在面临需要解决问题的时候。指责、分心、否认、社会退缩和物质滥用可以让人暂时舒服一会儿，但它们无助于问题解决。

一些人会退缩，会拒绝看逝者的照片或不允许周围出现能提醒自己想到逝者的物品，这样的人可能有不良的应对方式。咨询师要让来访者看到这些应对方式，帮他们评估这些方式的有效性，然后双方一起探索可能还有哪些对降低痛苦和解决问题更有效的方式。

原则10：识别有病理性问题的来访者并转介

第10项原则是识别出问题比较严重的人，并知道何时需要转介。从事哀伤咨询工作的人要识别出来访者身上由丧失及之后的哀伤所引发的病理性问题，并进行专业的转介。我们通常把这一特定的角色称为守门员。对一些人而言，哀伤咨询或者哀伤辅导是不够的，丧失（或他们处理丧失的方式）可能引发更棘手的问题。丧亲者中有一小部分人（10%~15%）会持续痛苦并形成某种复杂性哀悼，如慢性哀伤反应和延长哀伤障碍。其中有些问题可能需要使用第5章中讨论的特殊干预来应对。这些困难需要特殊的技术、干预以及对心理动力学的理解，所以对这类问题的处理可能超出了哀伤咨询师的服务范围和技能范围。即便在处理范围内，其策略、技术和干预目标也可能变了。哀伤咨询师一定要认识到自己的局限，知道何时应做出转介，让来访者去做哀伤治疗或其他心理治疗。

在我们结束对哀伤咨询的原则与实践的讨论之前，还应该说说那些与哀伤有关的老生常谈。它们通常来自一些好心的朋友，偶尔也来自咨询师。这些老生常谈大多没什么用。参加我们研究的一些女性说："有人来跟我说'我知道你的感受'，这句话让我想冲他们嚷'你不知道我的感受，你不可能知道，你又没有失去过丈夫'。"诸如"做一个勇敢的小男子汉""活着的人要好好生活""这些很快就会过去""你会站起来的""一年后就没事了""你会没事的"以及"坚持住"这些话通常一点儿用也没有。甚至"我很遗憾"这句话也能让对话无法继续进行。有些人为了让丧亲者感觉好受一些，会说一些自己生活中的丧失和不幸，他们没意识到其实比惨没什么用。深陷痛苦的人会令我们感到无助。我们可以用简单的一句话来承认这种无助感："我不知道该对你说什么。"

有效的技术

任何咨询和治疗都不仅仅是一套技术，而是应该以对人格与行为的坚实理论理解为基础。不过，我确实发现一些技术对哀伤咨询很有用，所以想在这里说一下。

唤起情绪的语言

咨询师可以使用一些强硬的言语唤起来访者的情绪感受，例如使用"你的儿子死了"而不是"你失去了儿子"。这样的语言可以帮助人们处理与丧失相关的现实议题并能激发出必须被体验到的痛苦感受。此外，用过去式（"你的丈夫曾经……"）谈论逝者也会有所帮助。

象征物的使用

请哀悼者把逝者的照片带到咨询中来。这不仅能让咨询师更清楚地了解逝者，也能创造出一种对逝者的亲近感，为丧亲者提供具体的谈话对象，这样丧亲者就可以与逝者对话，而不是仅仅谈论逝者。逝者写的信、逝者的声音或录像带，以及逝者的衣服或者珠宝首饰，这些都是有用的象征物。

写作

让来访者给逝者写一封或几封表达自己想法和感受的信。这可以帮助生者通过表达自己需要对逝者说的话来处理未完成的事件（Ihrmark，Hansen，Eklunk，& Stodberg，2011）。我鼓励他们写各种类型的信，包括给逝者写告别信。将体验转化成语言并建构出事件的连贯性叙述可以使来访者整合想法与感受，有时候能引发他的释怀感并减少与事件经历有关的消极感受（O'Conner，Nikoletti，Kristjanson，Loh & Willcock，2003）。坚持把自己的哀伤体验用日记记录下来或者写成诗也能促进感受的表达，并能为丧失经历赋予个人意义。拉坦齐和黑尔（Lattanzi & Hale，1984）写过一篇很不错的文章，介绍了写作对于丧亲者的不同作用。

绘画

跟写作一样，用绘画表达自己对逝者的感受和体验也是有帮助的。这项技术非常适用于丧亲的儿童，当然它对成人也有效。相较于说话，绘画更不容易受到防御性歪曲的影响。欧文（Irwin，1991）已经找到了在丧亲咨询中使用艺术方式的四个优点：它能促进情感，找出生者可能没有意识到的冲突，强化生者对丧失的觉察，让咨询师了解生者处于哀悼过程的哪个阶段。

研究者曾在荷兰住院患者小组的哀伤治疗中使用绘画技术，发现它很有效（Schut，de Keijser，van den Bout & Stroebe，1996）。他们使用音乐引导视觉化想象，刺激患者的感受，然后让他们把这些感受画出来。这种方法是针对这类患者使用的多种疗法之一。

图雷茨基（Turetsky，2003）创立了一种艺术治疗模式，用于预防和治疗人在中年时期未解决的哀伤。虽然它本质上是一种心理治疗性干预，但它还能帮助人们识别出影响他们当前功能的那些未解决的早年丧失问题，并能找出更好的解决方案。

李斯特、普什卡尔和康诺利（Lister, Pushkar & Connolly, 2008）说明了艺术工作与当下流行和新兴的哀伤理论是如何匹配的，其中包括让丧亲者通过绘画来重新建构意义。

角色扮演

帮助丧亲者对他们感到害怕或尴尬的场景进行角色扮演，有助于他们学习到一些技能，这些技能对处理哀悼的第三项任务中的问题很有用。咨询师可以参与到角色扮演中，帮助来访者形成新行为，或者为来访者示范新行为。

认知重构

认知重构是必要的，因为我们的想法（尤其是那些一直在脑中盘旋的隐藏想法和自我对话）会影响我们的感受。咨询师帮助来访者识别这些想法，并对它们进行现实检验以验证其是准确的还是过度概括的，这样能削弱由诸如"再也没有人会爱我了"这类目前无法被证实的不合理思维所引发的不安感。想进一步了解该方法，可参见格林伯格和帕蒂斯凯（Greenberger & Padesky, 1995）的《理智胜过情感》(*Mind Over Mood*) 一书，或马尔金森（Malkinson, 2007）的《认知哀伤治疗》(*Cognitive Grief Therapy*) 一书。

纪念册

丧亲家庭内的成员可以一起完成的一项活动是为去世的亲人制作纪念册。纪念册中可以包括家庭故事、快照或其他照片一类的留念，也可以是家庭成员（包括孩子）写的诗或画的画。这项活动可以帮助这个家庭追忆昔日的时光，最终形成一个更为真切的逝者形象以进行哀悼。此外，孩子们可以重温这本纪念册，把这次丧失重新整合进他们的成长和变化的生活中。

指导性想象

帮助人们想象逝者,可以闭着眼或者是想象逝者坐在一张空椅上。接着,鼓励人们对逝者说出自己想说的话。这是一项很有效的技术,其效力并不是来自想象,而是来自在此时此地与逝者对话,而不是谈论逝者。布朗(Brown,1990)就指导性想象在丧亲个体中的使用提供了很棒的概述和一些技术。另可参见菲尔德和霍洛维茨(Field & Horowitz,1998)的文章。

隐喻

另一项在哀伤咨询中很有效的技术是使用隐喻作为视觉辅助。施瓦茨-博登(Schwartz-Borden,1992)论述了在患者无法直接面对与死亡相关的感受时,隐喻作为一项有效的工具,如何降低了他们对丧亲之痛的抵触。隐喻提供了一个更容易被接受的符号化表征,哀悼者可以通过它来表达自己的感受并完成哀悼的第二项任务。哀伤者通过使用隐喻聚焦于一个意象,用一种更容易接受的、痛苦更少的方式来表达他的体验。施瓦茨-博登使用的一个尤为有效的隐喻是截肢,以及与这一丧失意象相关的幻肢痛。

所有这些技术都是为了帮助人们充分表达与丧失有关的想法和感受,包括遗憾和失望。卡斯尔和菲利普斯(Castle & Philips,2003)在文章中写到了其他一些技术和哀伤仪式,还讨论了哀悼者觉得哪些技术更有效。

药物的使用

对于在急性正常哀伤管理中药物的使用已经有相当多的讨论了。一致的结论是药物要慎用,并且主要是用于缓解焦虑和失眠,而不是缓解抑郁症状。已故的麻省总医院精神病学主任托马斯·哈克特(Thomas Hackett)对治疗丧亲者有着丰富的经验。他曾使用抗焦虑剂治疗焦虑和失眠(Hackett,1974)。不过,在给急性哀伤反应中的患者用药时,很重要的一点是不要让他们手上有可能致死的剂量。

给急性哀伤反应中的人开抗抑郁药是不妥当的。这些抗抑郁药需要很长时间才能起效,它们不能缓解正常的哀伤症状,而且容易引起异常的哀伤反应,虽然这一点还需要通过对照研究来证实。不过,如果是重性抑郁发作,那就另当别论了。

研究者表示,虽然我们对丧亲的心理学理解已有所增进,但还需要有一个好的生物学干预基础(Raphael,Minkov & Dobson,2001)。药理学方法通常只用于已经确诊患有该药物适应证的人。我同意这样的说法。由死亡事件引发的精神疾病通常需要精神药理学的干预,这在第5章"夸大的哀伤反应"中有所论述。

团体哀伤辅导

丧亲咨询可以以团体形式开展。这样做不仅高效,而且能给哀悼者提供他们所需的情感支持。以下是建立团体并使之有效工作的指导性原则。

选择团体形式

当建立团体时,我们需要确定其目的与结构。建立团体的目的是什么?丧亲团体的存在通常有以下一个或多个目的:情感支持、教育或社交。有时团体建立一开始是为了某个目的,之后又发展出另一个目的。为了情感支持而建立的团体,会在同一批成员中开展一段时间,之后团体的目的可能会偏向社交,即便情感支持的成分依然存在。虽然每种目的都是有价值的,但我强烈主张以情感支持作为团体建立的目的。

团体的结构应该是什么样的呢?一些团体是封闭式的,它们有起止时间,其成员在同一时间加入和离开团体。另一些团体是开放式的,没有明确的结束期限。人们可以根据个人需要进出这个团体。每种团体结构都有其利弊。开放式团体中,新成员很难赶上大家的进度,因为他们不了解自己来之前团体已经完成的重要工作和突破。此外,由于新人的加入,团体成员之间需要重新建立信任。

团体的组织安排是什么样的呢？会面的次数、时长、团体规模、地点以及费用这些重要内容都要在团体建立前确定好。帕萨迪纳安宁疗护中心（Hospice of Pasadena）有一个 8～10 人的封闭式团体，其主要目的是教育和情感支持。团体由共同带领者主持，成员每周会面一次，时长 90 分钟，共会面 8 次。成员要交一些费用，因为他们觉得这样可以提高出勤率并激励成员在团体中寻求更多收益。

参与者初筛

保证团体有效性的一个关键是团体成员的选择。关于同质性这一点有很多可说的，同质性是指把有相似丧失经历的人放在一起，例如丧偶团体或者丧子父母团体。不过有些团体项目规模不大，或服务区域内有相似丧失情况的人不够多，无法组建一个同质性团体。如果是这样的话，那就要尽量保证团体内有类似丧亲经历的成员至少有两人。如果一个丧夫者团体中有一名丧妻者，那最好能再找一名丧妻者参与进来，这样的话，之前那名丧妻者就不会觉得自己与其他成员不同或与团体格格不入了。其他丧亲类型的团体也是如此。

你可能需要考虑的是那些妻子死于癌症的单亲父亲组成的团体（Yopp & Rosentein，2013）。通常来说，男性不愿意参加男女混合的、以情感支持为目的的丧亲团体。不过，基于哈佛儿童丧亲研究的发现，我们看到失去了妻子的单亲父亲们是渴望加入团体的，团体的目的是帮助他们培养一些技能，使他们成为更好的单亲父亲（Worden，1996）。

选择团体成员时，你还要考虑丧亲是在多久前发生的。一定不要让丧亲刚满六周及六周内的人入组。多数人在丧亲之初是没有做好团体咨询的准备的。一些丧亲团体的潜在成员要等到丧亲六个月后才能加入团体。不过，成员的丧亲时间长短有些差异是好的。一名刚刚丧夫的女性可以从一名已经在丧夫之痛中走了更远的女性身上学到一些东西，后者可以为前者示范如何适应丧失（Vlasto，2010）。

咨询师在选择丧亲团体成员时，一定要排除他们有严重病理性问题。有严重的病理性和情绪问题的人最好接受个体咨询或治疗。

选择成员时，有两类丧亲者可能会带来特定的问题，咨询师选择这样的人加入团体时要仔细考虑清楚。一种情况是多重丧失。短时间内失去多个亲人会让一个人被哀伤淹没，使他们无法有效地参与到哀伤团体中去。这些人可能是在一次车祸或者火灾中突然失去多个家人，或者是在短时间内经历了多次丧失。

另一种会在团体中引发问题的情况是一些难以启齿的丧失，比如自杀。一名成员的亲人死于自杀会让其他成员感到焦虑，这样的情况在咨询师筛选成员的时候要考虑到。如果团体中有两个成员的亲人是死于自杀的话，情况就会好一些。由患艾滋造成的去世也是如此。对于那些亲人死于艾滋的人而言，有针对性的特定团体对他们会很有帮助。

对复杂性丧亲（包括延长哀伤障碍）团体的有效性的研究所得出的结论比较混杂。其中，对这一现象做得比较好的研究可参见Piper，Ogrodniczuk，Joyce，& Weideman（2009）；Joyce，Ogrodniczuk，Piper，& Sheptycki，（2010）；Johnsen & Dyregrov（2012）。

明确期待

人们带着各自的期待来到团体中，如果团体没能满足他们的期待，他们就会感到失望并可能离开团体。这不仅对个人而言是一种遗憾，还会降低团体的士气。在第一次团体会面前，为筛选成员做摄入性会谈的工作人员可以调整大家的期待，处理他们对团体成员的错误认知或不切实的担忧。

我记得曾有一个女士前来参加我们的安宁疗护丧亲团体，因为她明确提出要匿名，我把她转介去了另一个团体。我们的团体中，每个人都要尽量多地分享自己的想法，不分享的人显然不适合这个团体。我们转介她去的那个团体规模更大一些，更聚焦于心理教育而非情感支持，可以满足她匿名的需求。所以我们在为丧亲团体筛选成员时，一定要先处理他们的期待。

建立基本规则

团体带领者在团体建立一开始就向大家提出基本规则，制订这些规则有几个作用。它们提供了一个框架，让成员有安全感。成员们知道团体中存在一些行为举止的规则，可以增加一种支持感。基本规则有助于带领者管理团体。例如，如果基本规则中明确了所有人有均等的时间来谈论自己的体验，若某个人说的时间太长，带领者就可以引述基本规则，保证时间分配更公平。或者，如果有人破坏了保密这一基本规则，带领者可以就此公开讨论。带领者一定要在第一次团体会谈中就阐释基本规则，并在最初的几次会谈中不断重申它们。

我们在丧亲团体中使用的基本规则有：

1. 成员要出席每一次会谈，并且要准时。
2. 团体内分享的内容不外传。在团体外，成员间不能谈论其他成员的经历。
3. 成员可以自己决定分享内容的多少。
4. 每个人都有相等的时长来分享自己的故事。这项规则有助于避免出现一个人独占团体注意力的情况。
5. 大家不提供建议，除非当事人要求。（在团体中，尤其是丧亲团体中，人们很容易提出自己的建议。通常，这些建议是不受欢迎的。）

当基本规则建立了，成员的期待也在筛选时调整过后，人们在来到团体的时候就知道这个场域是安全的，没有谁的感受比其他人的更重要或更有价值，每个人都有分享的时间，可按自己的意愿决定分享多少，不会有人告诉他们应该有什么样的感受，也不会有人强加给他们不想要的建议。

确定带领方式

团体工作的第五个要素是有效的带领，带领有几种不同的方式。第一种团体是丧亲者自己带领的。例如温馨互助伙伴项目（The Compassionate Friends）就是由丧失子女的父母带领的，帮助其他有类似经历父母的团体。第二种团体是由心理健康医护专业人员带领的。第三种是由非专业人士带领，但有专业人士提供支持。如果个人或团体互动出现了问题，这些专业人士会给带领者提供咨询。在帕萨迪纳安宁疗护中心，由心理健康专业人员和跟着专业人员学习的学生作为共同带领者。

带领风格也有很多种，哪种风格更有效，要视不同的团体目的而定。有的带领者活跃主动，有的则被动一些。我认为在情感支持性的丧亲团体中，带领者在团体建立早期活跃主动一些会更好，之后随着团体联结和团体内部领导力的出现，带领者可以退后一点、活跃度低一些。在团体建立早期，一个被动的带领者会引起成员的焦虑感，尤其是在团体刚成立时。当然，带领风格还与团体目标有关。如果团体目标是教育性的，那么带领者可以更多扮演讲师或信息提供者的角色。如果团体目的是情感支持，那么带领者就要让大家分享自己的故事，从其他成员那里找到支持和鼓励来实现这一目的。

在团体带领的探讨中，共同带领这个议题很重要。带领者应该是一个还是多个？当团体规模比较大时，共同带领很必要。如果采用共同带领模式，带领者之间清晰、开放的沟通就很重要。我建议带领者们在团体会谈后立即碰面并互通情况。带领者之间可能存在微妙的、对团体有破坏的张力，彼此及时沟通可以防止这种情况的发生。

带领者一定不要对团体内的某些成员有偏爱。团体会重现家庭动力，人们会把曾经与兄弟姐妹和父母之间的体验带入团体，这些感受和体验会在团体过程中出现。经常有人希望自己在带领者那里是特别的，如果这样的事真的发生了，就会给团体带来麻烦。带领者需要觉察到这一点，拒绝团体成员给出的特别邀请和好感。带领者要觉察到，自己可能因为自身的一些议题而基于个人偏好做出某些特别处理。如果带领者与成员之间私下见面，也一定要在随后的团体会面中拿出来公开讨论。

理解人际动力

当人们组成一个团体时，无论这个团体是丧亲团体、政治团体还是治疗团体，他们想从中获得什么呢？和舒茨（Schutz，1967）一样，我认为当人们加入一个团体时，多少能意识到自己心中有三种需求。

1. **融入**。大多数人刚加入一个团体时都会环顾四周，然后问自己："我适合这里吗？这些人跟我处得来吗？"如果答案不是肯定的，他们就不会再来参加第二次了。即便来了，这种担忧在前几次会谈中依然会出现。
2. **控制**。团体中的人们关心的第二点是控制。"我是重要的吗？我在这个团体中重要吗？我所说的话有影响力吗？我对这个团体的影响有多大？其他成员对我的影响有多大？"他们会问自己这些问题。就像人们要感觉到自己能融入团体一样，他们要能感受到自己对其他成员是有影响力的，这一点也很重要。如果感受不到，他们就可能无法完成团体咨询。
3. **情感**。人们在团体中还需要获得情感。我这里所说的是广义的情感。"大家喜欢我吗？大家真的关心我的遭遇吗？"只有当团体形成了认同感和凝聚力时，情感需求才能得到满足。在不同团体中，这种彼此关怀的程度是不同的。有些团体的成员之间发展出了深厚的情谊，他们真的关爱他人并感到被他人关爱。而在另一些团体中，这种情感会淡很多。

总之，人们需要感到安全，需要感到自己是重要的。如果成员出现了对团体具有破坏性的问题行为，那一定要看看"这个人是不是觉得不安全了？他感到自己不重要吗？"解决这些问题有助于减少成员的问题行为的发生。

有效应对破坏性行为

团体成员的有些行为对团体具有破坏性，会给带领者造成困难。我在此对这些行为做出总结归纳，并给出一些应对建议。

认为"我失去的比你失去的更多"

在丧亲团体中时常会出现这样的观点。我曾经带领的一个团体中有两位女士都失去了刚成年的女儿。其中一位女士有丈夫，另一位女士没有。没有丈夫的女士在团体中说，她所失去的要比那位有丈夫的女士更多，因为自己没有丈夫。带领者处理这种情况的一种方法是说："在这个团体中，每个人的丧失都一样重要。我们不是来这里比较谁失去得更多的。"

提建议者

莱曼、伊兰和沃特曼（Lehman，Eland & Wortman，1986）采访了一些丧亲者，从了解他们在经历丧亲之痛时，感到什么对自己是有帮助的，什么是没有帮助的。受访者反馈，对自己最没有帮助的事情之一就是收到建议。如果在你的团体中有"大家不提供建议，除非当事人要求"这样的基本规则，那你就比较容易管理好那些喜欢提建议的人。

说教者

另一种比较难对付的人是说教者。这类人会用"必须、应该、不得不"这样的表达给出说教性的建议。最近，我们的丧亲团体中有一个来自"十二步骤传统"的成员，她对其他成员的态度总是很说教，虽然她出于好心。有几位成员对此很不满。我们鼓励这位成员用"如果是我的话，我会这么做"，而不是"你应该这么做"来表达自己的想法。

不参与者

还有一类问题是有些人不参与分享。那些很少参与或者根本不参与分享的人常常被其他人误认为是挑剔的。防止有人不参与的最简单的方法是带领者在第一次会谈中就要让每个人都能谈谈自己的丧失。允许一个人在第一次会谈中保持沉默，只会促使他在之后的会谈中继续保持沉默。

在会谈最后才说出重要事件的人

这样的人会在团体会谈结束前两分钟说:"顺便提一下,我儿子上周出了点意外。"团体带领者应该建议这类人把这个议题带到下次会谈的一开始来谈,而不是延长团体时间,陷入对控制权的争夺中。

在团体结束后找治疗师分享的人

这类人不喜欢在团体中分享,却会在会谈结束后跟带领者分享重要的内容。带领者可以对这样的人说:"我想每个人都需要听到这些,我们下次会谈一开始就来谈谈它吧。可以吗?"

干扰者

团体中常常有人干扰别人。强有力的带领者会抵挡住这个干扰者,等之后有更合适的时机再让干扰者表达心中的想法。

表达不恰当情感的人

举个例子,有的人会在所有人都难过的时候笑。对此,带领者的恰当干预是说:"我想知道,当团体内发生这些事时,你体验到了什么?我看到你在笑,我想知道你内心的感受。"人们通常体验到的是焦虑,用笑来表现这份焦虑。

发表无关言论的人

如果发生这种情况,带领者可以询问:"我不明白这与我们正在讨论的问题有什么关联。你可以告诉我,这和我们正在做的事有什么关系吗?"

分享过多的人

有时某个成员会在团体早期分享太多内容,之后却退缩并不再继续分享,或者不再来参加团体了。带领者有时可以预见到这一点,并对可能分享过多过早的人给予温和的提醒。

挑战或批评带领者的人

这可能更多是给带领者而不是给团体成员带来麻烦，但它却会让团体成员感到不舒服。在我的同事带领的一次团体会谈中，一名成员指责我的这位同事恐同。被指责的带领者没有为自己辩解，而是问对方："我刚刚做了什么让你觉得我恐同呢？"带领者没有辩解也没有激化问题，而是用提问促进了讨论。

虽然丧亲团体是哀伤咨询的一种重要手段，但有些人会选择不参与团体。在一些情况下，人们可能在某一时刻不愿意参加团体或想晚点再参加。我认识一名女士，在她19岁的儿子突然死亡后不久，温馨互助伙伴项目的一名成员找到了她。她参加了一次会谈就没再继续了，说是自己不想再参加团体了。不过一年后，她在重新考虑后告诉我，她打算参加一个团体，希望能从中受益。

在一些心理治疗团体中，有一项基本规则是要求成员不能在团体会面外与其他成员见面。在我看来，这项规则并不适用于丧亲团体。成员希望可以建立友谊，并将友谊延伸到团体之外。哀悼任务之一是能让新人进入自己的生活，让自己能建立新的人际关系。在丧亲支持性团体的成员之间建立的、能在团体结束后仍持续的友谊，正是我们要通过咨询来促成的，是整个疗愈过程之中虽小却重要的进步。关于建立丧亲团体的更多内容可以参阅霍伊的著作（Hoy, 2016）。

通过丧葬仪式促进哀伤

葬礼仪式一直饱受诟病，美国联邦贸易委员会（Federal Trade Commission）1984年发布报告之后更是如此。但是，如果丧葬仪式举行得好，它可以成为促进健康、应对哀伤的重要辅助手段。霍伊（Hoy, 2013）在他的书《葬礼重要吗》（*Do Funerals Matter?*）中肯定了这一点。我们在此概述一下葬礼的作用。

它可以帮助人们认清逝者已死的现实。看到死者的遗体有助于让人们认识到死亡真实发生了且已成定局。是否要守灵，棺材是要打开还是要封闭，取决于不同的地域、种族和宗教（Parkes，Laungani，& Young，2015）。不过，无论在殡仪馆还是医院，让家人看到逝者的遗体都是很有益的。即便是火化（火化作为一种遗体处置方式似乎越来越普遍了），在葬礼仪式上，逝者的遗体可以被放在一个打开的或者封闭的棺材中，之后再进行火化。这样，葬礼仪式就成了帮助生者完成哀伤第一项任务的有力资源。

葬礼仪式给了人们一个表达自己对逝者的想法和感受的机会。之前我们讨论了用语言表达对逝者的想法和感受有多重要。传统葬礼就提供了这样一个机会。但是，现在存在一种对逝者过度理想化和过度颂扬的趋势。最好的情况是，人们既可以表达自己怀念过世亲人的哪些部分，也可以表达不怀念其哪些部分，虽然有人会认为这样做不大合适。葬礼仪式对哀伤过程是有益的，因为它允许人们去谈论逝者。

葬礼仪式有助于在死亡发生后尽快为丧亲的家庭建立起一个身边的社会支持网络，这个网络对促进哀伤非常有益。葬礼仪式还能对逝者的人生给予肯定。如今，常常被使用的"致敬生命短片"（Life Tribute Video）能很好地做到这一点。人们还可以把逝者生前的一些物品贯穿到整个仪式中去，以呈现逝者生命中的重要事物。在一位牧师的葬礼上，人们从葬礼的不同角落站起来，宣读一些简短的句子，这些内容是从牧师生前的作品中摘录下来的。

但有一个现实情况会削弱葬礼的作用，那就是葬礼的时间太早了。此时逝者的亲属们往往还处于一种茫然麻木的状态中，以至于丧礼并没有起到它该有的积极心理影响。

葬礼在过去35年中发生的改变反映出人们对仪式更全面的理解和对逝者生平的关注（Lewis & Hoy，2011）。现代葬礼常要突显被悼念之人。正如我们用"善终"（appropriate death；Weisman，1988）这个概念帮助将死之人把死亡与他的目标、价值和生活方式调和一样，我们同样可以使用葬礼来反映逝者其人，以及什么对他是重要的。这些变化是源于①我们看到了直面死亡的重要性，②对哀悼的理解更深刻，以及③更多元化的社会（Irion，1991）。

葬礼负责人也要考虑自己在哀伤咨询中的角色。除了给人们提供建议，帮他们做好死亡前后的各项事务安排之外，葬礼负责人还可以在事后继续与这些家庭联系，以起到哀伤咨询的作用。虽然一些家庭会觉得在葬礼后仍与负责人保持联系有点奇怪，但大多数家庭不会对此感到不悦，并且会感激这份持续的关心。一些较大的殡仪馆会雇用咨询师，其他殡仪馆有社区咨询师资源可用于转介。

葬礼负责人还可以考虑在社区中发起丧夫者互助团体及其他类似的丧亲支持性团体（Steele，1975）。㊀很多地区都已经开始这样做了。这是葬礼负责人在哀伤咨询发挥重要作用的一个绝佳机会。葬礼负责人可以通过在社区中发起教育性项目对人们进行哀伤和健康哀悼的教育。南加利福尼亚州的殡葬墓园 Forest Lawn Memorial Parks & Mortuaries 就在盖伦·戈本（Galen Goben）的领导下有效地完成了这项工作。

哀伤咨询有用吗

学者和临床医生对哀伤咨询有效性的争论已持续多年。有人认为做哀伤咨询没什么用，甚至对某些人而言反而有害。约翰·乔丹（John Jordan）和罗伯特·内米耶尔（Robert Neimeyer，2003）发起了这场讨论，很多人都参与其中（Allumbaugh & Hoyt，1999；Bonanno，2001；Katoa & Mann，1999；Larson & Hoyt，2007；Schut, Stroebe, & van den Bout，2001）。他们的结论建立在调查结果之上，通过元分析得到效应量（effect size），较

㊀ 美国退休人员协会（AARP）的哀伤与丧失项目为美国和加拿大的丧偶者提供了服务的目录。地址：601 E Street，NW，Washington，DC 20049。

低的效应量引起了人们对哀伤咨询有效性的质疑。但实际上他们用于分析的这些调查研究本身都是比较糟糕的，有的在方法论上有问题，有的是其他原因，如没有控制其他变量，使用招募被试而非自愿前来的被试，没有筛选被试，不当或过于简化的测量，样本量小，初期参与人数，被试大量流失，单项结果测量，不清晰的治疗计划，不考虑丧亲时间，等等。

内米耶尔（Neimeyer）和同事们（Currier, Holland, & Neimeyer, 2007；Jordan & Neimeyer, 2003）对哀伤咨询的负面影响（即治疗引起的症状加重）的讨论，遭到了拉森和霍伊特（Larson & Hoyt, 2007）的强烈质疑，理由是前者的数据分析存在错误，因此结论是无效的。

大多数丧亲者都没有受到正式的干预就不治自愈了，从咨询干预中受益最大的人大多是年纪较轻的人、女性，以及那些亲人去世时间较长的人。而且他们经历的多是突发性死亡事件或暴力性死亡事件，以及/或者出现了慢性哀伤的表现。筛查证实他们痛苦水平高，属于哀悼者中功能障碍风险增高的那一部分人（老年丧偶者、失去子女的父母），因为觉得自己有哀伤相关的痛苦而寻求帮助（Schut, 2010）。

以下是给临床医生的一些建议，可能可以提升干预工作效果。

1. 不要认为所有的哀悼者都需要哀伤咨询。帕克斯（Parkes, 1998）曾说："没有证据表明所有丧亲者都能从咨询中获益。研究发现，仅因为一个人经历了丧亲就把他转介到咨询中来，对他并不会有什么帮助。"（p. 18）
2. 请记住，不可能存在一种适合所有哀悼者的哀伤咨询。每个人的哀伤都是独特的（Caserta, Lund, Ulz, & Tabler, 2016；Neimeyer, 2000）。
3. 针对觉察到的哀悼者的个人需求，你可以根据调节哀伤过程的七类影响因素来订制干预方案（见第 3 章）。
4. 把你的哀伤咨询干预方案建立在一个统一的理论基础上，如哀悼任务理论。
5. 干预前开展详细的摄入性会谈。在接受患者进入心理治疗前我们会这么做。哀伤咨询也可以这样做，无论是个体、家庭还是团体咨询。

6. 秉持"客户服务"（customer service）的态度。询问来访者他们需要什么，在治疗过程中持续评估他们是否获得了自己想要 / 需要的，如果没有，那么你如何才能帮助他们获得。

7. 如果可以，使用筛查工具，比如我们在哈佛儿童丧亲研究中开发的用于识别对父母去世适应不良的高风险儿童的工具，然后为他们提供早期干预以防丧失两年后出现后遗症（Worden，1996）。

8. 如果没有筛查工具，你就要识别出高风险人群并针对他们进行干预。这些人中可能有年纪大的独居丧妻者，失去孩子的母亲，猝死者 / 暴力致死者（包括凶杀）的亲属，有虐待 / 创伤经历的人，对逝者依赖度高的人，有不良应对模式的人，以及低自我效能感和低自尊的人（Jordan & Neimeyer，2003）。

如果哀悼者表现出了高水平的抑郁、愤怒、反刍思维和焦虑，那么你就要考虑复杂性哀悼的可能，进而开始哀伤治疗（见第 6 章）。

帕克斯回顾了许多调查研究，试图评估哀伤咨询的有效性。他分析了给丧亲者提供支持的专业咨询服务和志愿者同侪团体。帕克斯（Parkes，1980）在分析最后总结道：

> 这里呈现的证据表明，专业咨询及专业支持下的志愿服务与自助咨询都可以降低由丧亲带来的精神疾病和身体疾病的风险。当咨询的对象是那些无法获得家庭支持或由于其他原因而处于高风险中的丧亲者时，咨询的效果最好。(p. 6)

W. 斯特罗毕和斯特罗毕（W.Stroebe & Stroebe，1987）以及拉斐尔和纳恩（Raphael & Nunn，1988）都赞同帕克斯的论述，他们认为丧亲后的心理或生理痛苦可以通过干预缓解。他们也认同，那些有风险的人会在干预中获益最多。我自己的临床经验也证实了这一结论。

反思与讨论

- 以你目前的知识、训练和经验水平来看，在哀伤咨询的十项原则中，你最能做好的是哪一项？在你目前的发展阶段上，你对于做到这十项原则中的哪一项最没有自信？你如何在未来的训练或督导中解决这种不自信？
- 哀伤咨询的第二项原则明确了在居丧期中常见的一些情绪。哪些是你最常见到的，哪些是你最少见到的？你还想把哪些情绪添加到这份情绪清单中？
- 对于作者关于丧亲支持性团体的想法，你有什么感想？你同意他的哪些观点，不同意他的哪些？
- 作者似乎非常看重葬礼，认为它是哀伤咨询的有效手段。你的经历有哪些地方呼应了或挑战了他的这一论断？在葬礼中人们做些什么可以提高它对丧亲者、丧亲家庭和社区的支持作用？
- 本章阐明了一个观点，不是所有人都需要或能够从各种哀伤咨询干预（包括支持性团体）中获益。这与你从丧亲者身上所了解到的或观察到的情况一致吗？你觉得这种观点言过其实吗？原因又是什么呢？

Grief Counseling
—and—
Grief Therapy

第 5 章

异常哀伤反应：复杂性哀悼

在我们判断某些特定的异常哀伤反应可能需要进行哀伤治疗之前，非常重要的是去了解人为什么会陷入哀伤。接下来我们将介绍异常或复杂性哀伤的类型，看看临床医生是如何诊断和确定这些病例的。

为什么人们难以应对哀伤

我们在第 2 章和第 3 章中探讨哀悼过程时，发现了七个可能会影响哀伤类型、强度及持续时间的主要影响因素。这对帮助我们了解为什么人们难以应对哀伤而言是十分重要的。

关系因素

关系变量定义了来访者与逝者之间的关系类型。最常会阻碍人们充分表达哀伤的关系是一种高度矛盾的关系，这种关系常常会伴随着未经表达的敌意。在这种情况下，当来访者无法去面对或处理与逝者之间高度矛盾的情绪时，哀伤历程就会受到阻碍，再加上过度的愤怒和内疚，这些情绪都会让来访者感受到困扰。另一种会阻碍人们充分表达哀伤的关系是高度自恋的关系，在这种关系中，逝者代表了来访者自我的延伸。要求来访者承认并接纳丧失，就是让他必须面对自我的部分丧失，所以这种丧失往往也是被来访者否认的。

在某些情况下，死亡事件可能会重新揭开一些旧的创伤。父母、继父母或其他对来访者实施过性虐待或躯体虐待的人的死亡可能会重新唤醒来访者这种残留的感觉。对虐待的相关研究表明，受害者常常会承受低自尊和自责的归因风格的折磨。这种自责可能会在虐待者去世前及死亡后重新出现，并很可能使受害者陷入更为复杂的哀伤状态。但如果这种自从遭受虐待之后就一直萦绕在受害者心头的感觉能在施害者死亡之前就得到解决的话，那么受害者被重新唤醒旧创伤的情况就不太可能发生了。然而，即便是在由虐待引发的一系列问题先前就已经处理好的情况下，虐待者的死亡还是可能引发受害者的这种复杂且冲突的想法和感受。

在某些关系中，我们会为长久以来一直期待着但从未拥有或永远不会拥有的东西感到哀伤。我曾经与一位母亲患有阿尔兹海默病并需要家庭护理的女士一同进行工作。当她看着母亲的病情不断恶化时，她敏锐地意识到自己正在失去长期折磨着自己的母亲，以及去爱母亲和照顾母亲的机会。在她的母亲去世之后，她前来接受抑郁相关的治疗。哀伤工作帮助她哀悼母亲的去世，也哀悼她破灭的梦想——从母亲那里得到爱和接纳的梦想。

高度依赖的关系也常常会让哀伤的处理变得困难。加州大学旧金山医学院的专家（Horowitz, Wilner, Marmar & Krupnick, 1980）认为，依赖和语言表达是丧亲者产生病理性哀伤反应的重要先导因素。有高度依赖性的人在经历了所依赖对象的离世之后，会经历自我的巨变，从一个依赖着有强大力量者并与其维持着良好关系的强大的人，变成一个软弱无助的、需要求得他人帮助的、被遗弃的人。

许多失去了生命中重要他人的人会感到有些无助，并认为自己处于一种无望的境地，但这种无助的感觉与一个依赖性过强的人在丧失后所感到的绝望有所不同。对健康的人来说，这种无助感会阻碍他建立积极的自我形象。在正常、健康的人格中，人的自我形象常常处于积极形象和消极形象的平衡之中。对于失去过度依赖对象的人而言，这种无助感以及作为无助者（helpless person）的自我意识往往会将他们淹没，让他们更多地沉溺在消极自我中而忽视积极的部分。

迈伦·霍夫（Myron Hofer，1984）用一句话总结了这种关系影响因素的重要性：“痛失所爱的时候，人们失去的究竟是什么？”

环境因素

我们在早期研究中观察到，丧失后的环境因素是影响哀伤反应的强度和结果的重要影响因素。一些特殊的情境可能使一个人难以体验哀伤，或使他的哀伤难以走向适应良好的结局。在所有的环境因素当中，最重要的是当丧失具有不确定性的时候（Boss，2000）。一个典型的例子是一名士兵在战斗中失踪。他的家人不知道他究竟是死是活，因此无法对他进行适宜的哀悼。在越南战争结束之后，一些女性终于开始相信他们失踪的丈夫已经去世的事实。她们经历了哀伤的历程，处理了自己的丧失，直到她们作为战俘的丈夫被释放并回到她们的身边。这听上去特别像是好莱坞浪漫电影的桥段，但实际上，这种情况给这些夫妻带来了巨大的困扰，甚至有些伴侣最终选择了离婚。

与上述情况不同的情境也会导致不明确的哀伤。有些女性仍然相信她们的丈夫还活在世上，生活在战争区域的某个地方，她们会十分坚信这种想法，直到完全确定丈夫已经逝世，她们才会去处理自己的哀伤。一名女士的儿子在乘坐军用飞机返回美国时在北大西洋的上空失踪。多年来，她一直相信儿子被俄罗斯人收留，并一直住在俄罗斯。其他的家人都认为他已经死了，并为此感到哀伤。当俄罗斯最终对外接受访客时，她是第一批获得签证并前往俄罗斯的人之一。她多番寻找，但很显然她的儿子并不在那里，那时候她才首次沉溺于哀伤之中。

由环境引发的困扰还可能出现在有多重丧失的情况下，比如地震、火灾和飞机失事等，或者一个家庭中的许多成员死于同一场事故。"9·11"的悲剧事件造成了许多人的死亡。很多人在同一事件中失去了朋友和家人。另一个造成多重丧失的例子是南美洲圭亚那的琼斯镇发生的大规模群体性自杀事件，这场事件中有数百人死亡。这一丧失的情况和程度使得其他幸存的家人很难度过艰难的哀伤时期。需要哀悼的对象太多了以至于令人难以承受，在这样的情况下，似乎完全切断哀悼过程会让人过得更容易一些。卡斯滕鲍姆（Kastenbaum，1969）将这一状态称为超负荷的丧亲之痛。多重丧失同样会以不那么强烈的方式发生。我曾经治疗过一位女性，她在三年的时间内失去了四位亲密的家庭成员。她失去了一个姐姐，失去了她的父亲、她的母亲，并且她的兄弟在她母亲的葬礼上突然去世。她被彻底击垮了，以至于她没有公开地表达哀伤，而是把哀伤转化为严重的焦虑，也正是这种焦虑症状使她前来就诊。

历史因素

过去经历过复杂性哀伤反应的人，在经受了当前的丧失之后，更有可能表现出相似的哀伤反应。"过去的丧失和分离对当下的丧失、分离和依恋有影响，而所有这些因素都会影响丧亲者对未来丧失和分离的恐惧以及建立未来依恋的能力"（Simos，1979，p. 27）。有抑郁症病史的人也更有可能发展为复杂性哀伤反应（Parkes，1972）。

一个特别能够引起研究者关注的领域是，早期丧失父母对丧亲者之后经历其他丧失后出现的复杂性哀伤反应的发展有何影响。鉴于这与伴随而来的精神健康问题的发展关系密切，因此目前已经有许多关于此方面的研究，但迄今为止，尚未出现结论性的证据。早期的父母丧失经历可能十分重要，但早期的养育经历也同样重要。维兰特（Vaillant，1985）在对男性的追踪研究中发现，使哀悼过程变得困难的口欲和依赖，更多来自与不稳定、不成熟、不相容的父母共同生活的经历，而非来自失去了好的父母。有证据表明，经历过复杂哀伤反应的人在童年时期体验到的更多是不安全型的依恋，对他们第一个爱的对象（如母亲）有爱恨交织的矛盾感受（Pincus，1974）。

人格因素

人格因素与一个人的性格以及性格如何影响其应对情绪困扰的能力相关。有些人难以忍受极端的情绪困扰，因此他们会为了抵御这种强烈的情绪而出现退缩。由于无法忍受情绪带来的痛苦，他们缩短了这个体验过程，并因此而经常发展出复杂的哀伤反应。

那些性格上难以容忍依赖感的人会很难适应哀伤：

> 面对存在性丧失的，只有经历过人类共通的无助感，才能解决哀伤，所以那些将主要防御力建立在避免无助感基础上的个体，将很可能出现功能不良的哀伤反应。因此，那些通常在表面上表现得最为出色的人，可能正是在一次重大丧失经历中被打击得最厉害的人，因为这种丧失体验重创了他们防守体系的核心。（Simos，1979，p. 170）

另一个可能阻碍哀伤进程的人格维度是一个人的自我概念（self-concept）。我们每个人都拥有关于自我的想法，并且往往会试图生活在我们对自我的定义之中，如果一个人认为自己是家庭中的强者，那么他可能需要去扮演这样的角色，哪怕这样的角色可能损害到他自己。这类人（通常这种自我概念会在社会上得到强化）常常不允许自己体验到处理丧失经历所需要的种种感受（Lazare，1979，1989）。

琼是一名中年女性，父亲在她很小的时候就去世了，母亲承担起了家庭的重担。由于生活所迫，母亲把琼送到了一所说法语的宗教孤儿院中。尽管琼觉得难以适应，但她继承了母亲的力量，承担起了强者的角色并生存了下来。若干年后，她的丈夫去世了，留下了她和年幼的孩子，她必须坚强。但是两年之后，她发现自己无法继续前行，于是前来接受治疗。她的哀伤适应之路上的一大障碍是她需要为她的孩子变得十分强大，尽管这种力量曾帮她渡过难关。在治疗中，她做到了将这种必须坚强的需要放在一边，去探索她对丧失的更深的感受，并重新定义她的自我认知。

社会因素

另一个在复杂性哀伤反应发展过程中发挥着极为重要作用的影响因素是社会因素（social factors；Wilsey & Shear，2007）。哀伤是一个社会过程，最适宜在一个社会环境中进行处理，在这个社会环境中，人们可以相互支持并强化他们失去亲人之后的反应。拉扎尔（Lazare，1979，1989）概述了三种可能预示或引发复杂性哀伤反应的社会条件。第一种情况是，这种丧失是在社会层面上难以言说的，这在自杀性死亡案例中常常出现。当一个人以自杀的方式去世时，特别是情况还不明朗并且自杀还是意外尚无定论时，他的家人和朋友倾向于对与死亡事件相关的细节和情况保持缄默。这种缄默对生者造成了极大的伤害，他们需要通过与他人进行交流来处理自己的哀伤反应。

鲁斯提是独生子，在他5岁的时候，他的母亲自杀去世了。她走进车库，将水管连接在汽车上，然后自杀了。他的父亲在那之后无法面对并变得心烦意乱，以至于立刻离开了当地，并将鲁斯提留给了与他家乡有一段距离的亲戚处进行照顾。没有人跟鲁斯提谈论过他母亲的死亡，特别是关于这件事是如何发生的。但在他快到30岁的时候，早年的丧失经历以及他父亲随后的遗弃所带来的问题重新浮出了水面。他的婚姻出现了问题，他的妻子威胁说要离开他。在治疗中，鲁斯提最终同意探索他的童年，以及他的丧失和未解决的哀伤对他成年生活的影响。

针对因自杀事件引起的缄默，有一些专门为自杀者的家人及朋友建立的支持性小组。对于那些不能从与家人和朋友之间的开放式交流中获得安慰的人，这种支持性小组起到了非常重要的作用（Jordan & McIntosh，2010）。

使哀伤反应复杂化的第二个社会因素出现在丧失经历被社会所否认的时候；换句话说，这个人和他周边的人表现得好像丧失这件事并没有发生过一样。我认为理解这个情况的一个比较好的例子是一些人对待堕胎的方式。许多怀孕的单身女性会选择终止妊娠。这里的一个问题是，这个决定通常是在孤立无援的境况下做出的——往往由于怀孕者的恐惧，男性可能不会被告知怀孕的消息，而女性的家属也通常不会参与其中。因此，这个女性堕胎后，会将这件事埋藏在心里，就好像它根本没有发生过一样。但是，这种丧失仍然需要哀伤的表达，如果没有，它可能在往后的一些情况下浮出水面。（关于堕胎/流产的哀悼将在第7章中进行充分的讨论。）被社会否认的丧失导致了被剥夺的哀伤（Doka，1989，2002），即哀悼者的哀伤不被社会认可或接纳。

第三个可能会导致复杂情况的社会层面因素是缺乏社会支持网络，这些支持网络由认识死者并可以相互支持的人组成。在我们的社会中，经历了丧亲之后的人常常会远离朋友和其他家庭成员。当某个住在波士顿的人经历了生命中重要亲人（这个亲人生活在加利福尼亚）的丧失时，作为丧亲者他可能会获得在波士顿地区的一些朋辈团体的支持，但这种支持所产生的影响并不会强过支持团体中原本就有人认识或知道逝者的情况。这种缺乏社会支持网络的特殊情况是由于地理位置因素产生的，但社会支持也可能由于一些其他的原因而缺失，例如它可能会因为社交隔离而缺失（Breen & O'Connor，2011）。

在帕克斯（Parkes，1972）对伦敦丧偶女性的研究中，他发现那些失去丈夫后表现出最愤怒的女性也经历了最高程度的社交隔离。我们在哈佛研究中已经注意到了愤怒和社交隔离之间的关系。一名失去丈夫并且表现得非常生气的女性很可能会经历社交隔离，即便她的家人和朋友在她的身边。这不仅会使她的哀伤更艰难，而且会增加她的这种愤怒的情绪。一名年轻的丧偶女性生养了三个孩子。她从她的朋友那里得到了许多支持。然而，在丧失事件发生6个月之后，她表现出非常极端的愤怒情绪，因为不再有人联系或接近她了。我的感觉是，她的愤怒只会将人们推得越来越远，让她变得更加孤立无援。

哀伤是如何变成困扰的

复杂性哀悼会以多种形式出现，并被赋予不同的标签。它有时会被称为病理性哀伤、未解决的哀伤、复杂性哀伤、慢性哀伤、延长哀伤、延迟的哀伤，或夸大的哀伤等。在 APA 的《精神障碍诊断与统计手册》早期版本中，异常的哀伤反应被称为复杂的丧亲之痛（complicated bereavement）。

我更喜欢以下这一对复杂的丧亲之痛作出的定义，这一定义也塑造了目前四种复杂性哀悼的范式，如下所示：

> 复杂的丧亲之痛是哀伤加重到了这样一种程度：个体要么不堪重负，表现出种种难以适应的行为，要么一直处于哀伤的状态中，而无法让哀悼朝着结束的方向发展。在正常的哀伤中，无论个体感受到多么痛苦，这种转变都既不是压倒性的、无休止的，也不会是过早就被打断的。（Worden，1982，1991，2001，2009）

这个定义的优势之处是在于排除了将痛苦作为决定性的因素。一位丧亲者可能会经历非常巨大的痛苦，但这并不意味着他正在经历复杂性哀悼。

在 20 世纪早期，弗洛伊德（Freud，1917/1957）和亚伯拉罕（Abraham，1927）发表了一些论文来区分正常的哀伤和病理性的哀伤。然而，他们的方法基本都是单纯地描述一些特征和症状，某些特征和症状是正常的哀伤反应中常见的，另外一些特征和症状则是病理性哀伤反应中常见的。这种表述方法往往不是十分充分，也难以令人完全满意。随后的相关研究表明，弗洛伊德和亚伯拉罕所描述的这些病理性哀伤的一些特征，是我们在随机抽取的哀伤者中发现的正常哀伤反应。这方面的一个典型例子就是丧失后的痛苦。弗洛伊德和亚伯拉罕认为这是一种病理性的反应，而现在我们会认为这是一种相当常见且普遍的经历。现如今，我们发现在正常的哀伤反应和病理性的哀伤反应之间，以及复杂和非复杂的哀伤反应之间，存在着更多的、持续的关系，病理性的哀伤更多地会与哀伤反应的强度或反应的持续时间有关，并非单纯与某个特定的症状或行为的存在或缺失相关（Horowitz et al., 1980）。

复杂性哀伤的新诊断

在过去的二十多年里，人们试图以一种可以准确衡量的方式定义复杂性哀伤，并尝试将其引入 APA 的 *DSM* 诊断标准。接受复杂性哀伤作为一种真正的精神障碍，将为研究者们吸纳了更多的研究资金，也为那些需要治疗罹患这种障碍的患者的第三方支付提供便利。在过去的二十多年里，研究者们大部分的工作都是关于定义的——提出和完善该障碍的标准。目前至少有两个主要的团队在带头进行这项工作：一个团队在匹兹堡大学，由霍莉·普利格森领导，另一个团队由旧金山的马迪·霍洛维茨领导。霍莉·普利格森的早年同事之一凯瑟琳·希尔目前正在哥伦比亚大学从事由她主导的复杂性哀伤相关的研究。

这种目前正在不断发展与完善的诊断方法是由普利格森和她的同事（Prigerson et al., 1994；Prigerson et al., 1995）提出的。在一项以老年人为主体的研究中，研究所收集到的数据被用来进行哀伤和抑郁的因子分析；不出意料的是，大多数哀伤的条目是一个因子，抑郁的条目是另一个因子。研究团队得出结论，哀伤和抑郁是两个独立的症状群。一个巨大的飞越在于，尽管许多条目来自曾经用来评估丧亲者的总体问卷，但哀伤相关的条目现在可以用来确定复杂性哀伤，并且这些项目可以清楚地定义一般哀悼者的经历。具体的哀伤条目提取基于其敏感性和特异性，它们可以作为非适应性心理及生理健康结果的预测指标。

在普利格森团队的早期工作中出现了以下两种观点。一个观点是，两个因素在复杂性哀伤中起作用；一种是创伤痛苦，另一种是分离痛苦。虽然这在理论上十分引人注意，但这两种类型的痛苦显得重叠和高度相关，所以这个观点在整个过程中受到的关注较少。另一个观点是，复杂性哀伤现象与焦虑和抑郁是截然不同的。他们假设有三种不同的存在：复杂性哀伤、焦虑和共病极少的抑郁（Prigerson et al.，1996）。后来的一些研究也证实了这种观点（Boelen& van den Bout，2005；Boelen，van den Bout，& de Keijser，2003）。其他研究则提出了关于复杂性哀伤这种特殊症状群的问题（Hogan，Worden，& Schmidt，2004，2005）。

在这个过程中，这种诊断的名称被修改了好几次。它一开始被叫作复杂性哀伤，后来转变为创伤性哀伤，尽管它与创伤性死亡引起的丧亲关系并不密切（Prigerson& Jacobs，2001）。后来，它被重新定义为复杂性哀伤，最近又被更改为延长哀伤障碍（Goldsmith，Morrison，Vanderwerker，& Prigerson，2008）。

1999年，大量哀伤领域的研究者召开了一次共识会议，研究者们在会议上讨论并制定了一套更为具体的标准，就哪些行为和症状应该被纳入诊断最终达成共识（Prigerson et al.，1999）。这些症状条目是根据 DSM 诊断标准中的标准格式列出的，并被放置在正式的组合中（标准 A ~ 标准 D）。这些标准包括在认知、情感和社会层面上难以承认死亡，并着重强调了与此症状学相关的功能上明显的以及持久的损坏（Boelen，van den Hout，& van den Bout，2006）。

持续时间的问题一直是研究人员在定义这种诊断标准时所面临的困难之一。首先，诊断前症状必须持续多久？其次，在丧失后多久，才能够做出诊断？目前的标准规定，症状必须持续 6 个月。早期版本的定义着眼于持续 2 个月的症状。从逝者去世到丧亲者确诊之间需要多长的时间，也一直存在争议。那些提倡在逝者去世后 6 个月内为丧亲者进行早期诊断的人认为，这种丧亲者在逝者死亡之后不久就表现出的哀伤行为预示着丧亲者在未来的身心健康方面会遇到问题。那些提倡诊断时间延后的人认为，在标准 B 中发现的许多问题，诸如麻木、社交隔离、难以接受死亡等，都是一般丧亲者可能会出现的常见经历，并有可能在没有任何特殊干预的情况下随着时间的流逝而消失。霍洛维茨建议，在逝者去世的一周年之内，不要对丧亲者的复杂性哀伤进行评估，这一观点对我来说是影响较大的。

霍洛维茨（Horowitz，2005）在一篇题为《将复杂性哀伤作为一种新诊断的若干思考》(Meditating on Complicated Grief Disorder as a Diagnosis)的文章中提出了另一种思路。他更希望将复杂性哀伤列为一种创伤性的疾病，并对 DSM 中所有与创伤相关的分类都进行重新组织和定义。然而，他知道在这项工作中的政治力量并不会让这种情况发生。他在总结这篇引人深思的文章时，肯定了对于复杂性哀伤的一些诊断是必要的，即便是仅仅为了那些哀伤无法自愈或得到治疗的人可以通过诊断、用药和治疗得到帮助，并且这些费用都可以被第三方进行支付。这不仅仅是指在正式的 DSM 诊断标准中包含哪些特定的行为很重要，更是指让有经验的专业人士可以进行临床判断，评估应对和防御方式，识别哪些丧亲者可以很好地适应，而哪些丧亲者的哀伤恢复历程中存在一些阻碍因素，使状况复杂且需要诊断和治疗。为此，霍洛维茨期待在 DSM 中看到以下对所有人有帮助的正式诊断：需要治疗的患者、需要收费的医生，以及哀伤及丧失相关研究的推进。

2013 年，APA 的 DSM-5 诊断标准终于发布。以下五个主要的变化影响了哀伤和丧亲之痛，以及我们可以如何去定义复杂性哀悼。第一，它取消了将丧亲之痛排除在重度抑郁障碍之外的做法。以前，这样的诊断至少要在死亡事件发生之后 2 个月才能确定。最新的诊断标准变化使得对刚刚失去亲人的人进行抑郁症的诊断成为可能。支持这一改变的理由是，在世界各地广泛使用的另一主要诊断手册《国际疾病分类》(International Classification of Diseases，ICD) 中从未出现这种根据时间的排除方式。

第二，DSM-5 取消了将哀伤排除在适应障碍分类之外的决定，我对此也表示强烈的赞同。适应障碍被定义为对压力性的生活变化（如离婚或死亡）的反应，这种变化似乎超出了文化预期的规范，与事件本身不成比例，并且损害了个人在教育、社会、职业、家庭或其他重要角色中发挥作用的能力。

第三个变化是允许将分离焦虑障碍应用于成年人。这种诊断以前仅限于儿童和青少年。在这个诊断中，分离焦虑障碍被定义为人在失去亲人之后对分离的特殊恐惧，在成年人中持续至少 6 个月。

第四个决定是保留对创伤后应激障碍的诊断。创伤后应激障碍有时候可以被看作一种复杂的丧亲之痛的表现，是由于丧亲者目睹或知道了一个创伤性事件，如突发性死亡或暴力性死亡。这样的经历会引发一系列症状，包括侵入性记忆、闪回或梦境，以及持续超过 1 个月的其他症状，损害了个人在很多方面的能力。(Doka & Tucci, 2017)

第五个决定对复杂性丧亲之痛和 DSM 诊断标准是最重要的。这一决定认为没有必要对复杂哀伤设定一个明确的诊断类别。这一决定认识到了加入这一 DSM 诊断标准可能会将哀伤归为一种病态的症状，并带来过度诊断和不必要的药物治疗的风险。延长哀伤障碍（Prigerson et al., 2009）和复杂性哀伤障碍（Shear, 2011）均未被纳入 DSM。然而，专家组确实将持续性复杂丧痛障碍（persistent complex bereavement disorder, PCBD）列为候选障碍，并将其归入第三部分"亟待进一步研究"的类别。持续性复杂丧痛障碍的标准包括复杂性哀伤障碍和延长哀伤障碍的元素，以及较早被纳入延长哀伤障碍定义中的病理性哀伤障碍（pathological grief disorder; Horowitz, Bonanno, & Holen, 1993）。这一决定呼吁我们继续对该领域进行研究，进一步探究这种综合征的特征。因此，在 DSM 中，我们仍然需要一个更好的名字来定义复杂性哀伤。兰多（Rando, 2012）提出了一些重要的建议，指出了需要再做些什么才能得出符合研究人员和临床医生标准的、可供参考的复杂性哀伤类别。

现存的复杂性哀悼模型

当为 DSM 的诊断标准确定一个可被接纳的诊断的斗争继续期间，人们不断地在面临丧失，他们需要我们的帮助和干预。另外，我更愿意使用"复杂性哀悼"而非"异常哀伤"这种表达。人们所经历的哀伤并不是不正常的。他们对于哀伤的体验就是他们的哀伤体验。我们需要记住的是，"每个人的哀伤都不同于其他人的哀伤！"（Allport，1957，class lecture notes）。困难的地方在于"哀悼过程"。有些东西阻碍了哀悼的进程，不允许它朝着对丧失的良好适应的方向前进。丧亲者在自然疗愈过程中遇到了困难（Shear，2010）。哀悼任务和哀悼的影响因素可以给治疗师和患者提供一些线索，让他们知道正在发生什么，并为有效的干预提供一个框架（Worden，2017）。

以下几种方法可以描绘出复杂性哀伤反应。我想提出来一个我认为在我的临床工作中有用的范式，这是一个你们可能也会发现十分有用的范式。这个范式介绍了以下四种复杂性哀悼：①慢性哀伤反应，②延迟的哀伤反应，③夸大的哀伤反应，以及④伪装的哀伤反应。让我们在接下来的部分逐一进行介绍。

慢性哀伤反应

慢性或延长哀伤反应是一种持续时间过长且永远不会得到令人满意的结果的反应。周年纪念反应在十年或更长的时间内都很常见，但它们本身并不会意味着慢性的哀伤。这种类型的哀伤反应是相当容易进行诊断的，因为经历它的人会非常清楚，他并没有度过哀悼的时期。当哀伤持续了好几年并且个体感觉并没有结束时，这种意识会尤为强烈。人们在经历丧失后的 2~5 年里常常会说，"我不会再活下去了""这件事对我来说并没有结束"，或者"我需要帮助才能重新做回自己"。即使患者本人意识到了这种情况，慢性哀伤也不一定会自然消失。然而，自我转诊可以使我们更容易为患者确定这种诊断。

新的复杂性哀伤诊断标准（现在叫作延长哀伤）讨论了前述相关的所有方面，因为它认为慢性哀伤可以通过诊断中发现的标准（由临床医生评估或通过《复杂性哀伤问卷》）进行早期识别，并且对这些人进行早期的干预可以有效地防止哀伤发展为慢性障碍。早期识别和早期干预是哈佛大学预防性心理健康理念的一部分，我开发了早期识别高危癌症患者（Weisman & Worden，1980）和有风险的丧亲儿童（Worden，1996）的筛查工具。

对于一些人来说，进行治疗需要面对这样一个事实，那就是逝者已经离开了，并且永远不会再回来了，不管我们多希望他还可以再次回来（第一项任务）。不希望患者去世是可以理解的，尤其是当一个孩子去世的时候。除了众人熟知的一些方面，咨询师还应该特别去探究孩子对于父母的特殊意义。瑞塔在她的女儿去世后的两年多内一直苦苦挣扎。当她失去女儿的时候，她失去的不仅是自己的孩子，还是世界上唯一一个在她偏头痛的时候可以为她抚摸脖子以缓解那种痛苦的人。

对于另外一些人来说，理清和处理对逝者的困惑和矛盾情绪可能会有所帮助（第二项任务）。一名女士的儿子在三年前自杀身亡，这不仅让她一直沉浸在儿子选择了自杀离世的痛苦之中挣扎，还唤起了她当年作为未婚少女怀孕后的那种感觉，并且让她再次感受到了来自家人和朋友的排斥感（Cerney& Buskirk，1991）。有一些患有慢性哀伤反应的人可能会渴望一段从未体验过但有可能会存在的关系（Paterson，1987）。我在一些丧亲的酗酒者、身体虐待及性虐待的受害者身上观察到了这一现象。

对于那些对逝者存在高度依赖的丧亲者，帮助他们适应亲人的缺席并培养他们的技能可能会是有效干预的一部分。对于其他有不安全依恋需求的人来说，丧失会让他们感到不安全，无法独立面对。他们可能需要帮助和鼓励以建立新的关系来满足某些需求（第三项任务）。

一名年轻男子在妻子突然离世五年之后前来寻求治疗，因为他虽然与好几位女性约会过，但发现自己无法与亡妻以外的女性建立新的关系。咨询师请他用一把空椅子与逝去的妻子进行互动，让他听到妻子在鼓励他继续活下去，找一位新的妻子，并过上幸福快乐的生活。咨询结束后，他去给妻子扫墓。回来后他告诉我，"我想记住她的时候，可以随时去墓地看看"。他把妻子从心里搬到了一个可以适当纪念她的地方，这让他得以继续自己的生活，并找到一位新的伴侣。他这样做了，并建立了一个新的家庭。

这显然是对第四项任务（哀悼）的有效适应，这是他在过去长达五年的慢性哀伤体验中一直无法去做到的。

慢性或延长哀伤反应需要治疗师和来访者共同评估哪些哀悼任务还没有得到解决，哪些哀悼的影响因素可能影响了这些进程。然后，干预的重点就是去解决这些方面。

延迟的哀伤反应

延迟的哀伤反应有时候被称为阻碍、抑制或延缓的哀伤反应。在这种情况下，当事人可能在失去亲朋的时候出现一些情绪反应，但这些反应并不是丧失后充分的反应。在未来的某个时间，这个人可能会因为一些间接的和直接的丧失而经历哀伤的症状，而且他的哀伤反应往往会过度。这是因为有些哀伤（特别是与第二项哀悼任务有关的哀伤体验）在事发当即没有得到充分的处理，而一直留存到再度经历丧失时一并出现。相对于现在正在经历的丧失，丧亲者的哀伤反应通常让人明显感觉到过度。一个常常会与延迟的哀伤反应有关的影响因素是丧亲者在失去亲人的时候缺乏社会支持。

一个关于延迟的哀伤反应的例子发生在一名女性来访者身上，这名女士在一次事故中失去了她的几个孩子。当时她已经怀孕了，医生建议她不要太过于伤心，因为强烈的情绪可能会对怀孕中的她不利。她听从了这一建议，但当她的最小的孩子离开家的时候，她体验到了一种极度的哀伤（Geller，1985）。

失去亲人时的强烈感受可能推迟丧亲者的哀伤体验，这在自杀死亡的案例中常常被证实。虽然丧亲者当时会出现一些哀伤的情绪，但程度远远不够，哀伤可能会在之后的某一时间浮出水面。其他类型的丧失也会刺激延迟的哀伤反应。我曾经见过一些人，他们对逝去亲人的哀伤是由即将或近期的离婚引发的。丧亲者自然流产的数年之后，也会出现延迟性的哀伤反应。

多重丧失也可能导致哀伤的延迟，因为对于个体而言，丧失和丧亲的负担过于沉重（Kastenbaum，1969）。我的一位来访者在越战期间的一次伏击中失去了许多朋友，但由于当时的情况，他无法很顺畅地进行哀悼。战争之后，他结婚了，并对妻子实施暴力。在心理咨询中，他更多展现出来的是愤怒，潜藏在愤怒之下的哀伤最终浮出水面。在办公室和华盛顿特区的越战纪念馆做纪念哀悼的工作，让他对自己的丧失有了一种了结的感觉，愤怒的行为也减轻了。

这种延迟的反应不仅仅会发生在一系列丧失体验后，也会发生在当个体看到其他人正在经历丧失，或是观看丧失为主题的电影、电视节目或其他影视作品时。当个体观看哀伤相关的戏剧时，感到哀伤是正常的事情。但是，延迟的哀伤反应的特点在于这些感受非常强烈，经过进一步的探索，人们通常会发现这些是与以前的丧失经历相关的、未解决的哀伤体验。鲍尔比（Bowlby，1980）提出了一种可能的解释，即最近的丧失往往或激活或重新触发对先前丧失的哀伤体验。当一个人失去了他现在所依恋的那个人，他会很自然地向早期的依恋对象寻求安慰。然而，如果后者（例如父母）去世了，丧亲者早年的丧亲经历带来的痛苦将会被再次体验，或者第一次被感受到。

我的同事乔治·博南诺（George Bonanno）认为，几乎没有证据支持哀伤延迟现象（Bonanno & Field，2001）。他很少见到这种情况，他的研究也并不支持这种现象有效性。但恕我直言，我不能同意这种观点。我和我的其他同事，如特蕾泽·兰多（Therese Rando，1993），治疗了许多符合描述的个案。其中一个问题是将延迟的哀伤与海伦娜·多伊奇（Helena Deutsch，1937）在她的经典文章中描述的缺席的哀伤联系起来。在我治疗过的大多数患者中，丧亲之际的哀伤并非不存在，而是由于某种原因（通常是由于缺乏社会支持），丧亲者没有充分地处理它，它在很久之后重新出现了，通常会表现为与较小的丧失相关的深切的哀伤和过度的哭泣。致力于验证或否定这一诊断的研究者可能需要去进一步扩大他们的研究范围，并记住这是一个低频率的现象。博纳罗和菲尔德（Bonanno and Field，2001）的研究发现，在 205 名失去配偶的个体丧亲后 18 个月内，延迟的哀伤发生频率较低，为 4%。使用同样的工具，我们发现在 70 个被调查者中，配偶死亡 2 年后延迟的哀伤发生频率也较低，为 8%。

夸大的哀伤反应

这种诊断类型与过度夸大的哀伤反应相关，这种反应是指一个人经历了比正常哀伤反应更强烈的表现，要么感到被哀伤淹没，要么采取了一系列非适应性的行为。具有夸大的反哀伤反应的人与伪装的哀伤反应者不同，伪装的哀伤反应者不知道他的症状与丧失相关，但有夸大的哀伤反应的人能够意识到自己所经历的症状和行为与丧失有关，由于反应过度且影响生活，他会去寻求治疗。夸大的哀伤反应包括会在丧失后不断发展并被 DSM 确诊的主要的精神障碍。

失去亲人之后出现的临床抑郁症是一个典型的例子。在失去重要他人之后感到沮丧和绝望是丧亲者中常见并且通常是比较短暂的一种体验，但大多数不会发展为临床抑郁症。然而，如果这些绝望的情绪发展成非理性的绝望，并伴有其他抑郁特征，就可能被诊断为临床抑郁症，并需要药物的干预。莫琳在她的父亲去世之后就陷入了严重的抑郁中。通过抗抑郁药物的治疗，她的抑郁症状得到了一些缓解之后，我们可以看到她和她父亲之间的一些冲突。长期以来，她都对父亲感到愤怒，因为她的童年中大部分时间中，父亲都不在身边，这种愤怒激发了她的抑郁情况。她能够意识到并识别这些感觉，并使用"空椅子"技术去面对她的父亲。最后，她能够去墓地，给父亲朗诵一封信，信中反映了她的积极和消极的感受。值得关注的是，在这件事情发生之前，她并没有抑郁病史，并且长期的随访中并没有显示她有进一步的抑郁发作情况。

焦虑是丧失之后出现的另一种常见的反应。如果焦虑表现为惊恐发作、恐惧行为或其他类型的焦虑障碍，那么我将把这些障碍归入夸大的哀伤中。

雅各布斯等人（Jacobs et al., 1990）发现，急性丧亲期间的焦虑障碍十分常见。他们对丧偶者的研究发现，超过40%的丧亲者报告了在逝者去世的第一年中某些时候体验过焦虑障碍。大量患有焦虑症的人也报告患有抑郁症。

在丧亲背景下所产生的恐惧症常常会以死亡为核心（Keyes et al., 2014）。一名有精神障碍治疗史的患者失去了她的父亲，在3个月的时间内，她开始对死亡产生严重的恐惧，于是她再次接受治疗以缓解症状。通常这种恐惧症的背后是无意识的内疚和"我也该死了"的想法，这通常源于丧亲者与逝者之间的矛盾关系。

一名29岁的女子在母亲突然去世之后罹患了社交恐惧症。6个月后，她发现自己在社交场合会感到非常焦虑，包括那些她为了挣得生活费而必须参与的场合。长期以来，她与抑郁、精神失常的母亲关系复杂，她的母亲将世界视为危险的地方。这需要她小心翼翼地绕过她母亲的敏感处。在她的母亲去世之后，她出现了一些与她的母亲类似的病理性症状，而这些症状保护了她免受一些冲动性想法和行为的伤害。

广场恐惧症是另一种可能在死亡事件之后出现的焦虑障碍，通常个体会存在患有这种障碍的既往病史（Kristensen, Weisaeth, Hussain, & Heir, 2015; Sahakian & Charlesworth, 1994）。

丧亲之后引发或加剧的酗酒或其他物质滥用，也应该归在夸大的哀伤反应类别之下。对那些去寻求酗酒治疗的人，咨询师应该探索他们潜在的未经解决的哀伤，作为他们恢复进程的一部分。对于有些人而言，可以将他们的酗酒行为直接归咎于他们的哀伤经历。一名妻子去世的男性说："她去世之前，我是一个天天出去喝酒的酒鬼。她去世之后，我用酒精来试着忘记。然后我就会因为一直喝醉而感到内疚和沮丧，之后我会喝得更多。"（Hughes & Fleming, 1991, p. 112）

有些人遭受丧失（通常是灾难性的）之后会出现创伤后应激障碍的症状和体征。我曾经为退伍军人以及重大交通事故或飞机事故的幸存者进行心理咨询，他们都有典型的创伤后应激障碍症状。一个典型的例子是一名

72岁的二战老兵，他在战场上从未出现过创伤后应激障碍的症状。但50年后，当他的妻子去世之后，这些症状首次出现了（Herrmann &Eryavec，1994）。在观看电影《拯救大兵瑞恩》（Saving Private Ryan）之后，一些退伍军人也出现了类似的创伤反应，这部电影唤起了他们被压抑的记忆。有一些治疗创伤后应激障碍的具体方法超出了我们对哀伤疗法的讨论范畴。然而，这种因死亡而引发的创伤紊乱会让人陷入过度的哀伤之中。

文献中报道了一些失恋后出现的躁狂症状。这通常发生在有情感障碍病史的人身上。我认为这也是一种复杂性哀伤（Keyes et al.，2014；Rosenman & Tayler，1986）。

夸大的哀伤反应，如严重的抑郁和/或焦虑障碍，为个体重新调节情绪提供了一个强烈和聚焦的时机（第二项任务），并涉及一个学习的过程，即如何去重新安排没有逝者的新生活（第三项任务；Shear，2010）。

伪装的哀伤反应

伪装的哀伤反应很令人关注。在这种情况下，患者经历的症状和行为会让他们感到困扰，但他们并没有意识到这些症状和行为与丧失经历相关。他们会出现一些非情感症状，或者如帕克斯（Parkes，1972，2006）所描述的，这些症状被视为与等同于哀伤的情感反应。海伦娜·多伊奇（Helene Deutsch，1937）在她有关"哀伤的缺席"的文章中评论了这一现象。她指出，所爱之人的去世一定会让个体产生某种反应性的情感表达，而缺乏这些情感的表达，就像过长或过强的哀伤一样，也是非正常哀伤的一种表现。她进一步指出，如果一个人不以公开的方式去表达感情，那么未表达出来的哀伤可能会以其他方式完全表达出来。她的结论是，人们可能没有表现出哀伤的反应，这是因为他们的自我意识没有得到充分地发展以承受来自哀伤的压力，他们会使用一些自恋的自我保护机制来绕过这一过程。

伪装的或压抑的哀伤通常以两种方式之一出现：要么被伪装成一种身

体症状，要么被某种异常或非适应性的行为所掩饰。那些不允许自己直接体验哀伤的人可能会出现与死者类似的医学上的症状，或者他们可能会出现一些其他类型的身心不适。例如，疼痛通常是压抑哀伤的象征，或者正在接受各种躯体形式障碍治疗的患者可能会有潜在的哀伤问题。

茨苏克和德沃（Zisook and DeVaul，1977）报告了几个案例，其中丧亲者所经历的躯体症状与逝者临终时所经受的症状相类似。研究者称之为复制的疾病。在一个案例中，一名女性出现了与她因心脏病发作去世的丈夫一样的胸痛症状。这个症状最初是在他的忌日前后出现。另一个案例中的女性则出现了胃痛的症状。她的母亲在7年前就去世了，她第一次胃部的疼痛发生在她母亲去世一周年的时候。在这两个案例中，丧亲者都没有器质性的病变，并且在哀伤问题被治疗之后躯体的症状减轻了。

另外，躯体症状可能不是哀伤抑制的唯一表现，它也可能被掩饰为一种精神病性症状，如无法解释的抑郁，或表现出某种适应不良的行为。有一些研究表明，在伪装的哀伤反应的案例中，某些违法行为可以被视为适应性的一种表现（Shoor & Speed，1963）。兰德尔（Randall，1993）描述了一个女性个案，她与儿子之间存在过度依恋的关系，儿子意外去世的4个月后，她患上了神经性厌食症。她的儿子从12岁开始患有进食障碍，并曾因此进行了住院治疗。她向内投射了与儿子类似的病理性症状，通过运用联结性客体的技术，治疗师帮助她从对儿子的向内投射中脱离出来，并战胜了进食障碍。

我们注意到夸大的哀伤和伪装的哀伤之间的主要区别是非常必要的，因为两者都可能引出正式的精神病学和/或医学上的确诊。在极度的哀伤之中，患者需要知道自身的症状是在死亡事件发生前后开始出现的，是丧失亲人之后所经历的结果。判断症状严重程度有助于我们为来访者进行正式的DSM诊断提供依据，并开始对这种情况进行治疗，通常会包括药物治疗。当症状因初始的治疗而好转时，分离的议题就将成为治疗的焦点。另外，那些存在伪装的哀伤状况的丧亲者并不会将他们的症状与丧失经历联系在一起，而一旦治疗师帮助丧亲者建立了这种联系，并与他一同去确定和解决潜在的分离冲突，他的身体和/或精神症状就会得到明显的改善。

诊断复杂性哀悼

治疗师如何诊断复杂性哀伤反应？通常有以下两种方式。要么患者前来就诊时会带着自我诊断，例如慢性哀伤的情况；要么患者就会因为某种医学或精神问题前来就诊，同时完全没有意识到自身的依恋问题和尚未解决的哀伤才是痛苦的根源。后一种情况出现时就需要临床医生根据经验和技能来帮助患者确定未解决的哀伤是潜在的问题，而在第一种情况下，诊断就是相当容易的事情了。我目前还没有碰到过有人认为自己的问题与丧失有关，但结果却是他判断错误的情况。埃塞尔是一个比较好的例子：在她50岁出头的时候，她的儿子在佛罗里达州的一次飞机相撞事件中丧生。有许多因素使得她很难去表达对儿子去世的哀悼：这是一场突如其来的意外；这件事发生在离家很远的地方；由于死亡方式的特殊性，在葬礼上没有儿子的尸体等。在大约两年之后，埃塞尔找到了她的牧师，并表示她无法从哀痛之中走出来。她再也没有做那些在丧失前自己会做的事情。她明确感受到自己被困在了哀伤之中难以自拔，因此寻求他的帮助。这种自我诊断的特征非常典型。

然而，很多时候，人们前来接受医疗或精神治疗时，并不会表述自己的哀伤情况，这就需要临床工作者协助做出诊断。大多数治疗过程都需要我们询问患者的详细病史，但与死亡事件和丧失有关的情况有时会被忽略，而这些可能与当前的问题有很直接的关系。我们为患者做正式的就诊程序时，记录一下丧失史是非常重要的。

有很多线索可以提示我们患者存在未解决的哀伤反应。拉扎尔（Lazare，1979，1989）为我们提供了一个很好的分类方法。这些线索中的任何一条都不足以让我们得出诊断的结论。然而我们应该认真地对待这些线索，当它们出现时，我们要敏感地觉察到可能存在复杂性哀伤的诊断。

线索 1

在对丧亲者进行访谈时，丧亲者在讲述逝者时出现非常强烈而又新近出现的哀痛。一名30岁出头的男性来到我的办公室求助，他前来并不是为了缓解丧亲之痛，而是出现了性功能障碍。在初诊的时候，我询问了他的与死亡事件和丧失相关情况，他告诉我他的父亲去世了。当他说到他的丧失经历时，表现出了非常鲜明且浓烈的哀伤，使我认为这可能是近期的丧失。然而在进行询问之后，他告诉我，他的父亲在大约13年前就已经去世了。在后来治疗中，我们探索了他未解决的丧失与性功能障碍之间的关系。因此，当一个人无法在平静的状态下谈论既往的丧失经历时，治疗师应该考虑未解决的哀伤的可能性。再次强调，你需要去注意的是一种明显的/强烈的哀伤，并且这种哀伤反应出现在丧亲的很多年之后。

线索 2

一些相对而言较小的丧失事件引发了强烈的哀伤反应。这通常会是"延迟的哀伤"的线索。在第6章中，我介绍了一名年轻女性的案例，她的朋友在怀孕期间流产了，她对朋友的这一经历表现出了持续的过度反应，最后我们发现她曾经在几年前选择过终止妊娠。

线索 3

在临床访谈的过程中出现了丧失相关的话题。在任何好的咨询和治疗中，倾听来访者表述的主题是非常重要的，当它们可能与丧失相关时，咨询师需要去留意来访者存在未解决的哀伤的可能性。

线索 4

当经历丧失的人不愿意去处理或转移属于逝者的财产时。如果一个人按照逝者去世前的样子去保护逝者的房间和财产，那么他可能存在一种难以释怀的哀伤反应。我们在做出判断之前，必须考虑文化和宗教的差异（Parkes，Laungani，& Young，2015）。在逝者去世之后把所有属于他的东西都扔出去也可能是非适应性哀悼的一个线索。

线索 5

当我们对个体的医疗记录进行检查之后发现，他出现了与逝者生前经历的躯体症状相似的情况时。通常这些躯体症状每年都会出现，要么是在周年纪念日的前后，要么是在节日的前后。这些症状也可能在丧亲者达到逝者去世的年龄时出现。这种特殊的现象可能会发生在丧亲者已经达到了其同性别的父母去世的年龄时。一名年轻女性在她母亲去世的周年纪念日开始了一段婚外情。在小组治疗中，她只承认自己出现了心血管方面的症状。后来我们才发现她的症状与她逝去的母亲类似。

当医生看到患者表现出一些模糊的躯体症状，很容易生病，或出现一些慢性的病理性行为时，医生可能需要考虑哀伤相关问题的可能性。简单地询问一下患者最近或过去的丧失经历，他们如何去适应丧失的，他们是否仍然会哭泣或感觉自己需要哭泣，可以给到医生重要的线索，以确定是否存在哀伤的成分。

线索 6

那些在经历丧失之后彻底改变自己生活方式的人，或者那些将自己的朋友、家人和/或与逝者相关的活动都排除在外的人，可能会存在难以释怀的哀伤。

线索 7

当患者存在长期的亚临床抑郁症病史，常常以持续的负罪感和低自尊为表现特征时。与之相反的情况也可能是一条提示线索。一个人在经历丧失之后表现出了虚假的欣快感，他也会有难以解决的哀伤的可能性。

线索 8

当事人模仿逝者的冲动，特别是这样的模仿并非出于有意识的欲望或能力，是个体通过认同逝者来填补丧失的需要。"就像受到惊吓的孩子必须在自己的内心中建立一个永恒的母亲角色一样，成年哀悼者也必须将所爱之人内化，这样他才不会永远失去对方"（Pincus，1974，p. 128）。个体甚至可能模仿以前自己不接纳的逝者的某些人格特征。生者尝试通过模仿修复自己曾对逝者的排斥感，从而补偿自身所经历的丧失。一名医生的遗孀在她丈夫去世后不久就申请就读医学院。在治疗的过程中，她能更清晰地去评估自己的动机，最后她撤回了申请。

线索 9

虽然自我毁灭的冲动和行为可能会被许多情境所触发，但未解决的哀伤也可能是其中之一，需要引起我们的警惕。

线索 10

在每年的某个特定时间内发生的难以解释的悲伤也可能是未解决的哀伤的线索之一。这种感觉可能会出现在与逝者存在一些共同回忆的时刻，比如节假日和周年纪念日。

线索 11

对疾病或死亡的恐惧常常与导致逝者去世的特点疾病相关。例如，如果逝者死于癌症，那么丧亲者可能会存在癌症恐惧症，或者如果逝者死于心脏病，那么丧亲者可能会对心脏病发作存在异常的恐惧。另一种情况是疑病症，在这种情况下，丧亲者会认为自己不断地经历着各种疾病，他们会不停地去看医生。当然，检查结果会显示达不到诊断标准。

线索 12

了解与丧失相关的背景信息可以帮助治疗师确定来访者存在未解决的

哀伤的可能性。如果来访者遭受了重大的丧失，一定要询问他们丧失时的感受。如果他们回避扫墓或参加与死亡有关的仪式或活动，那么他们可能存在无法释怀的哀伤。如果他们在丧亲期间没有家庭或者其他的社会支持，也可能会造成未解决的哀伤。

了解了复杂性哀悼的诊断线索之后，我们可以开始考虑哀伤治疗本身。然而，保持警惕是非常重要的。我同意贝利茨基和雅各布斯（Belitsky and Jacobs, 1986）的观点，他们提倡谨慎的方法：

> 在丧亲的情况之下，对来访者做出诊断的决定应该是保守且审慎的，以避免干扰人类自身的正常进程，也避免因专业干预的介入所伴随而来的副作用。（p. 280）

乔丹和内米耶尔（Jordan and Neimeyer, 2003）在他们备受讨论的研究论文中也再次阐述了这种担忧。

在第6章中，我们将会看到治疗师可以使用哪些具体的技巧来帮助正在经历复杂性哀悼的丧亲者，从而解决他们的悲痛，并通过哀悼的四项任务来更有效地适应丧失。

反思与讨论

- 在本章中，作者根据自己的临床经验描述了许多复杂性哀悼的案例。哪些案例描述的情况与你曾经接触过的来访者类似？哪些情况与你所见过的丧亲者的表现最不同？
- 在介绍各类因素（个性、环境、历史背景等）中，有哪些因素是你从未在丧亲来访者身上观察到的？
- 作者列举了关于复杂性哀悼的持续争论的两个主要原因：①对研究的财政支持和②第三方支付的治疗报销。这种观点与你本身的想法一致，还是存在冲突？你认为这场争论是如何被作者描述为影响 DSM-5 丧亲的五大变化所改变的？
- 作者描述了复杂性哀悼的四种临床表现。你了解它们之间的主要区别是什么吗？你在临床实践中或在你的家庭和朋友中观察到哪些表现？
- 作者描述了 12 条线索协助识别复杂性哀悼。你在工作中观察到过哪些表现？你能想到自己的某个来访者，他当前的症状可能预示着存在未解决的哀伤困扰吗？你下次见到他时，会如何进行干预？

Grief Counseling
—and—
Grief Therapy

第 6 章

解决复杂性哀悼

哀伤治疗与哀伤咨询的目标有所不同。哀伤咨询的目标是帮助近期丧亲的人完成哀悼任务，让这些哀悼者能更好地适应丧失。哀伤治疗的目标则是识别并解决哀伤中的分离冲突，因为这种冲突会阻碍个体完成哀悼任务，导致哀伤变成慢性的、延迟的、过度的，或以躯体症状表现出来。

哀伤治疗最适合以下四类情况中的一种或多种：①复杂性哀伤反应，表现为延长哀伤；②表现为延迟的哀伤；③表现为夸大的哀伤反应；④以躯体或行为症状表现出来。我们简要地介绍一下这几个情况。

慢性哀伤（chronic grief）被定义为在哀伤症状的持续时间和强度上偏离了文化习俗的情况（Stroebe, Hansson, & Stroebe, 2001；Stroebe, Schut, & van den Bout, 2013）。体验到这一困难的个体能够意识到自己的哀伤没有得到充分解决，因为他们的丧失已经发生了几个月甚至好几年。这类复杂性哀伤反应的产生原因通常是分离冲突，这一冲突导致他们无法完成某一项或几项哀悼任务。由于他们能够意识到问题的存在，所以通常会主动求助。治疗先要弄清他们还需要完成哪些哀悼任务以及什么阻碍了任务的完成，而后去解决那些阻碍。了解第 3 章中所述的哀悼的影响因素有助于我们找到阻碍在哪儿。

延迟的哀伤（delayed grief）并不意味着没有哀伤。有延迟哀伤的人在丧失的当时可能是有情绪反应的，但反应的程度不够。这可能是因为个体缺少社会支持，不被社会规范允许，为了其他人要保持坚强，或因为丧失过于重大而茫然不知所措。一名患者在10岁时目睹了自己全家人被敌军枪杀。由于丧失过大及环境因素，他当时几乎没有悲伤体验。然而多年后，当他54岁时，一次丧失引发了他被压抑多年的痛苦。治疗中，他可以在一个安全的环境里探索这些早年丧失，去处理自己的痛苦。

夸大的哀伤（exaggerated grief）是由亲人的死亡所引发或加剧的一种特定的心理或精神疾病。患者体验到的是在任何丧失中都很常见的情感，但情感的强烈程度却到了能让人功能失调且需要治疗的地步。例如，人在丧失后感到低落和抑郁是正常的，但是如果抑郁严重到了重性抑郁发作，则属于夸大的哀伤。人在丧失后感到焦虑也是很常见的，但若升级到了焦虑障碍（惊恐发作、恐惧症、广泛性焦虑障碍等），就属于夸大的哀伤。属于夸大的哀伤这类情况的个体可能有过度抑郁、过度焦虑，或其他一些特征，它们是正常的哀伤反应但表现得很夸张，以至于功能失调，达到精神障碍诊断标准。精神病性症状可以通过标准干预方式进行治疗。当个体的症状（比如临床抑郁）通过临床干预或药物得到缓解后，咨询师才可以用哀伤治疗去解决个体的分离冲突。

当哀伤伪装成身体或行为症状时，患者通常意识不到症状出现的原因是未解决的哀伤。然而，正如第5章所述，辅助诊断已表明，未解决的早期丧失所引发的哀伤才是罪魁祸首。人们常常经历这种复杂性哀伤反应是因为在丧失发生时，当事人没有进行哀伤，或者其哀伤的表达被抑制了。他们的哀伤一直都没能完成，以至于日后出现身体或行为上的并发症。

哀伤治疗的目标和设置

哀伤治疗的目标是解决患者的分离冲突，更好地让他适应亲友的离世。想解决这些冲突，患者需要去经历他们一直回避的想法和感受。治疗师要提供成功解决哀伤问题所需的社会支持，允许患者去哀伤（而患者在亲友离世的前后缺乏这样的允许）。显然，这种允许或支持需要治疗师和患者形成一个良好的治疗联盟。增强这一联盟的途径之一是识别并承认人们在重提过去的丧失时会遇到困难。患者与逝者的潜在冲突越大，他们去探索那些痛苦想法和感受时所体验的阻抗就会越多。与所有好的心理治疗一样，我们在哀伤治疗中要持续关注阻抗，并把它当作治疗过程的一部分来工作。

哀伤治疗通常在咨询室内进行，而且一般是一对一的，但这并不意味着它不能有其他形式（例如团体治疗），尤其是当事人在进行团体治疗时出现了未解决的哀伤议题的情况下。在德国，研究者创立了一种通过互联网治疗复杂性哀伤的方法（Wagner，Knaevelsrud，& Maercker，2005）。他们在一篇文章中概述了这种干预方法所用到的技术、注意事项，以及一例案例研究。

哀伤治疗的第一步是与患者订立契约。通常哀伤咨询是有时限的，治疗师会与患者约定好进行 8 ~ 10 次治疗会谈，在此期间一起探索丧失及丧失与当下痛苦的关系。据我的经验，如果患者的未解决的哀伤是明确的，且没有其他并发症，那他们通常可以在这一时间框架下解决自己的问题。治疗通常是一周一次，但有时治疗密集一些会更有效。希尔和格里宾－布鲁姆（Shear & Gribbin-Bloom，2016）针对复杂性哀伤的丧亲者开发出了一套 16 次会谈的治疗方案。

在哀伤治疗的进程中，有时患者会浮现出更严重的潜在病理性问题，这些问题是根深蒂固的，可能需要长期的非哀伤性治疗。"对于神经症性的依赖型人格的人，他们的合理哀伤反应以及深层人格障碍都需要专业的心理治疗干预来处理。"（Simos，1979，p. 178）深层病理性问题会削弱短程哀伤治疗的效果，而发现这些问题的一个方法是在初始访谈中筛查患者的共病情况。对严重抑郁、焦虑障碍、创伤或人格障碍进行初筛，能让治疗师识别出它们可能对短程治疗产生的不利影响。治疗师在从事常规心理治疗时，也可能会发现患者有未解决的哀伤议题，此时哀伤治疗就需要在一个较长期的心理治疗中进行了。

要记住的一点是，和任何短程心理治疗一样，在短程哀伤治疗中，治疗师需要具备专业能力，会谈需要聚焦。患者表现阻抗的方式之一就是不聚焦，讨论与哀伤无关的话题。对于这种情况，治疗师要提醒患者当下的治疗任务是什么，分析阻抗及回避的内容是什么。一位女士在儿子猝然离世的两年后来寻求短程哀伤治疗，我们约定治疗为期八周。在第三次治疗会谈后，她开始抱怨丈夫对待她的方式。我提醒她，我们的约定是用八次会谈来讨论她儿子的离世，我很乐意在完成这个约定后为她和她的丈夫进行婚姻治疗。不过，他们并没有做夫妻治疗，因为她当时只是在用自己对丈夫的不满来转移自己正逐渐意识到的对儿子的愤怒。

哀伤治疗的步骤

就像一个人不可能依照某套流程创作出一幅艺术杰作一样，治疗师也不可能依照一系列步骤就完成一个好的治疗。然而，一份治疗性步骤清单确实可以帮助治疗师记住自己要做什么。我们希望治疗师可以结合自己的理论框架和专业能力来运用这套步骤。

排除身体疾病的可能

如果患者有身体症状，我们一定要排查该症状是否由身体疾病引起。虽然一些症状与哀伤的表现相似，但并不是所有症状都如此。如果一个人的主要表现是身体症状，那么除非有确切的诊断能排除身体疾病，否则治疗师绝不能对其进行哀伤治疗。如果哀伤咨询中患者抱怨自己的身体问题，治疗师同样要排除患者有身体疾病的可能。

订立合约，建立联盟

患者要同意探索自己与逝者之间的关系。治疗师相信探索这部分内容对患者是有益处的，并要帮患者强化这一认识。相比其他人，有些患者需要更多的心理教育——关于你要求他们做什么的心理教育。要时刻记住，这是一个短程治疗，焦点要明确。而对于过往的哀伤与现在的关系，只有当它们直接影响到患者对当前丧亲的反应时，才会去探讨。

重新唤起对逝者的记忆

谈论逝者，也就是谈论他是谁，他是什么样的人，患者还记得关于他的什么事，他们喜欢一起做什么等。一开始先扎扎实实地形成一些积极记忆是非常重要的，如果患者在稍后体验到消极感受时出现了阻抗，那之前找出的积极记忆就能派上用场了。它会提供一种平衡，让患者能够去触碰消极的部分。在会谈早期，治疗师要花很多时间与患者讨论逝者，尤其是关于逝者的积极特点和品质，以及他们曾一起经历的愉快事件，然后逐渐开始谈论一些更为复杂矛盾的记忆。在这里可以运用第4章中提到的技术："你怀念他的什么？""你不怀念他的什么？""他怎么让你失望了？"最终，引导患者去讨论受伤、愤怒和失望的记忆。如果患者在治疗中只觉察到了负面的感受，那这个顺序就要颠倒过来，再去找回一些积极的记忆和情感，即便它们屈指可数。

如果存在多重丧失，治疗师则需要对每个丧失分别进行处理。通常来说，治疗师最好从自己认为复杂因素最少的那个丧失开始处理。一个快30岁的女士在两个兄弟自杀后寻求治疗。在对这两次丧失进行探索的过程中，我们清晰地看到这个女士与第一个自杀的兄弟之间存在的未完成事件和依恋更多。我们对两个丧失分别进行了处理，她反馈当自己能处理对第一次丧失的愤怒和内疚时，她感受到了最大的释然。

评估患者难以完成的哀悼任务是什么

如果难点在于第一项任务（接受丧失事实），患者会自语道如"我不会让你死的"或"你不可能死了，你只是离开了"，那么治疗就要聚焦在逝者已死的事实上，让生者接受这一事实。一定要探究是什么让生者难以相信逝者已去且再也不会回来。答案通常存在于生者对逝者的依恋本质中。

如果难点在于第二项任务（处理哀伤的痛苦），患者接受了现实却没有受到任何扰动，那么治疗就要聚焦于让患者感受到可以对逝者同时抱有积极情绪和消极情绪，他可以在这些情绪中找到平衡。为了让生者更好地完成第二项任务，一项关键的干预内容是要重新定义患者与逝者之间的关系，例如"他确实是爱我的，只是他受到养育经历的影响，难以表达这份爱罢了"。

如果难点在于第三项任务（外部适应），那么哀伤治疗的主要内容就是问题解决——治疗师要教患者通过角色扮演来锻炼新技能，发展新功能，以克服自己的无助感，并把所学带回到生活中。在玛格丽特的案例中尤是如此。她是一名年轻的丧夫者，丈夫去世前，她喜欢去一个俱乐部。在那里，人们围坐在钢琴吧旁边唱曲子。她和丈夫喜欢一起去那里，但在丈夫去世三年后，她依然不愿意再去，不是因为她怕自己会想起丈夫，而是因为她觉得自己缺乏独自去那里的社交技能。治疗的内容之一就是帮助玛格丽特重新习得这些社交技能，一开始是角色扮演，之后是在内心中直面自己恐惧的活动。我依然记得那一天当她走进咨询室告诉我，在多次失败的尝试之后，她终于成功地独自一人去了俱乐部时，她有多么开心。

对于那些难以从丧失中找到意义的患者（第三项任务的后两部分：内部适应与精神适应），治疗师要帮助他们寻找意义。此外，治疗师也可以帮助患者探索丧失如何影响他的自我感。对于那些难以把丧失的意义整合进自己当下生活的患者来说，有一个很好的参考资源——罗伯特·内米耶尔所著的《丧失带来的经验：应对指南》（*Lessons of Loss：A Guide to Coping*，2003）。

最后，如果困难在于哀悼的第四项任务，治疗师就要帮助患者找到与逝者的某种持续性联结，找到纪念和记住亲人的方式，这样他才能更坦然地开启没有逝者的生活，建立新的关系。这包括帮助患者允许自己继续前行、认可新的关系，并帮助患者看到继续生活并不是对逝者的不敬。

处理由记忆引发的情感或情感缺乏

当接受哀伤治疗的患者开始谈论逝者时，他们对逝者的描述往往会过分夸大（例如"世上最好的丈夫"）。在治疗早期，治疗师一定要允许他们这样描述。不过，这类描述常常意味着患者内心潜藏着未表达的愤怒。探索患者对逝者较为矛盾的感情及帮助患者去触碰自己愤怒的感觉，都是帮助患者逐步处理愤怒的方法。一旦患者识别出了愤怒的感觉，治疗师就要帮助他们明白，愤怒并不会消除他们对逝者的积极情感，愤怒恰恰是因为他们很在意逝者。

之前我们提过一名女士，她的儿子在一次空难中丧生了。她用一种夸大事实的方式描述了自己的儿子：他曾是部队里最优秀的学员，他毕业于常春藤名校，他是世上最优秀的儿子。在治疗中，她开始了解到其实自己对儿子有一些矛盾的感情。最终，她能把这些内容意识化并告诉了我，原来儿子在去世前不久曾做过一些让她非常不高兴的事，他去世后，她所有的愤怒都被压抑了。对她而言，治疗中非常重要的一部分就是重新体验这份愤怒，同时看到这种愤怒的感觉并不会阻碍那些积极的情感，反之亦然。此外，她还要能对去世的儿子表达这些感觉。

劳拉也有类似的情况。她在快 30 岁时前来进行心理治疗。在治疗中，她似乎存在一些与父亲有关的未解决的议题。父亲在劳拉 12 岁时去世，按劳拉的夸大描述，他是世上最伟大的父亲。对劳拉来说，紧紧抓住自己对父亲的积极情感非常重要，因为这份情感之下潜藏着她所不了解的巨大愤怒。在治疗期间，她重游了父亲在世时他们曾居住过的村舍，那是他们位于美国中部的老家。后来有一次，我们的定期会谈日期正好是她父亲去世的周年纪念日，那一次她的愤怒爆发了。她说父亲的去世毁了她的生活，她不得不从舒适的郊区搬到大城市，与哥哥共用一个房间。她对父亲的愤怒被藏了起来，自己却没有意识到这一点，但正是这份情感使她产生了行为失调从而寻求心理治疗。当然，让她在积极和消极情感之间维持平衡是非常重要的。

当亲友属于暴力性死亡时，患者可能会只关注那些令人恐惧不安的方面，体验到的大多是消极和不安的情绪（Rynearson，2001，2006；Rynearson，Schut，& Stroebe，2013）。此时，治疗目标是帮助患者用一种更积极和宽慰的方式去记住逝者。在能做到这一点之前，患者可能需要聚焦在事件中最难以面对的景象画面上，通过具有疗愈作用的重述和想象暴露结合系统脱敏，来缓解与此画面相关的痛苦。另一个消除消极画面并代之以积极画面的有效方式是眼动脱敏和再加工（eye movement desensitization and reprocessing，EMDR），接受这种训练的人会发现，它有助于消除与死亡相关的创伤性记忆，降低由这些记忆所引发的情绪的强度（Solomon & Rando，2007；Sprang，2001）。

我有一个患者，他的儿子在16岁那年开枪自杀了，他在车库里发现了儿子的尸体。从那以后，他对儿子所有的记忆都是他发现儿子尸体的那个场景。他无法找回对儿子的美好记忆。做了几次眼动脱敏和再加工治疗之后，他开始能回忆起有关儿子早年的美好记忆，这让他的脸上重现了笑容——他体验到了这种久违的情感。

对逝者的记忆还常常会激发出生者的内疚感（别忘了我们现在讨论的是对多年前去世的人的记忆。我们讨论的是哀伤治疗，不是哀伤咨询）。当患者开始谈论逝者时，他可能意识到自己对之前与逝者的关系有种内疚感。一旦患者识别出了这种内疚，治疗师就要帮他对此做现实检验。在急性哀伤时，很多内疚也是非理性的，是经不起现实检验或认知重评的。

不过有一些内疚可能是真实的。凯伦是一位年轻的母亲，她六岁的孩子死于一种长期且复杂的疾病。她觉得在儿子最后一次入院时自己没能好好守护他，并为此深感自责。她背负了这份内疚近七年。她曾在心理治疗中对此做过现实检验，认为这份内疚是真实的。之后，她通过心理剧的方式向儿子寻求原谅和理解。当处理患者真实的内疚时，治疗师一定要帮助患者寻求并获得逝者的原谅。角色扮演和想象技术可被用来促进这一过程，比如让患者在两把椅子之间转换位置，同时代表自己和逝者进行对话。

尽管不是每个哀悼者都会表达这样或那样的情感，但大多数还是会的。关于不表达情感是否正常这一点，目前尚有争论。这一争论源于一项研究发现，这项发现表明，在居丧早期表现出强烈情感的人，居丧后期的情感表现也很强烈（Bonanno 2009；Wortman & Silver，2001）。我要再次提醒各位读者，哀伤这一现象受多种因素影响，每个人的哀伤都是独特的。有些人对逝者的离去没有什么情绪反应，是因为他们与逝者之间没有什么依恋。还有些人回避情感，因为死亡事件会迫使他们面对自己的某些部分，而他们不想面对。回避情感可以帮助一些人处理死亡事件带来创伤，尤其是在经历了暴力性死亡事件的情况下。还有一些人很少表现哀伤，是因为在他们以往受到伤害时，总是得不到他人的回应。无论患者体验到的情感是什么，治疗师都要帮他找到一个不会对其日常生活造成明显或持久损害的方法来表达（Prigerson & Maciejewski，2006）。调节情绪强度在该部分工作中会有所帮助（Stroebe & Schut，1999）。

发掘并弱化联结性物品

在哀伤治疗中，你可能会遇到这种情况，一些联结性物品阻碍了哀悼的完成。生者会保存这些象征性的物品，它们提供了一种外化的方式，使生者与逝者保持联系。这个概念是由精神病学家瓦米克·沃尔坎（Vamik Volkan，1972）提出的，他曾写过很多关于病理性哀伤的文章。

意识到并理解这一现象非常重要，因为这些物品会阻碍哀伤过程的顺利完成。哀悼者会给某个无生命的物品赋予象征意义，建立起自己与逝者之间的联系。多数哀悼者能意识到自己赋予了这些物品象征意义，但他们只是意识到了某些方面，并没有理解到所有的象征意义。通常，联结性物品可能属于以下四类：①逝者的随身物品，比如他穿戴的物品（如手表、珠宝）；②逝者用来扩展某个感官知觉的物品（如相机），它可以代表视觉的扩展；③能代表逝者的东西（如照片）；④当事人在听到逝者去世的消息或看到尸体时，就在手边的某个东西（Volkan，1972）。

比如年轻女性唐娜，当她的母亲因癌症去世时，她正守在母亲的床边。母亲的死亡临近时，唐娜开始不由自主地在母亲的首饰盒里翻找，想挑选一件作为纪念。母亲去世后，唐娜一直佩戴着这件首饰，她觉得不戴就不舒服。后来，随着她的哀伤慢慢得到了处理，她发现自己越来越不需要佩戴母亲的首饰了。沃尔坎（Volkan，1972）认为这种联结性物品是用来应对分离焦虑的，它们是战胜丧失的象征。他认为，联结性物品表明患者和逝者之间的精神边界是模糊的，两人的某些部分似乎通过使用联结性物品形成了外部融合。

拥有联结性物品的人需要时刻知道那个物品在哪里。有个患者总是带着一个小毛绒动物玩具。他和去世的妻子曾给这个小玩具取过名字，他把它放在口袋里随身携带。有一次，他在出差返程的飞机上摸了摸口袋，发现小玩具不见了。他惊慌失措，绝望的拉开椅子、掀起地毯，想要找到丢失的联结性物品，但是他再也没有找到。此后的好几次治疗会谈都是围绕着他被这件事引发的焦虑进行的。沃尔坎（Volkan，1972）认为患者之所以需要联结性物品，是因为他们有内心冲突，既希望逝者消失，又希望逝者永存，这两种希望都凝聚在联结性物品中。

联结性物品和过渡性物品（比如孩子在离开父母独自生活时会保留的那些东西）有些类似。孩子在长大的过程中可能会留着毯子、毛绒动物玩具或者其他一些能让他们在过渡期感到安全的东西，在此期间，他们要从父母提供的安全过渡到脱离父母的自立状态。多数情况下，孩子长大后就会抛弃掉这些过渡性物品。然而，如果孩子仍需要这些物品，那么物品的丢失就会引发他们莫大的焦虑与不安。

一名患者处理掉了丈夫的所有衣物，只留下了当初自己送给他的两三件。这些衣物代表了他们共度的美好时光。通过保留这些衣物，她让自己免于触及他们的伤心往事所带来的消极情绪。在治疗中，她开始意识到这是自己的联结性物品的作用之一。

补充说明一下，联结性物品和纪念物是不同的。当身边人去世时，多数人都会留一些东西作为纪念。但联结性物品被赋予了更多含义，如果弄丢了就会引发更大的焦虑。沃尔坎（Volkan，1972）曾谈过自己的一个个案：一名携带着联结性物品的当事人在遭遇车祸时，不顾一切地回到现场寻找联结性物品，结果这个物品成了在那场惨烈事故的废墟中唯一被寻回的东西。

治疗师一定要询问患者他们在逝者死后保存了什么东西，如果你发现他们把某物当作联结性物品，就应该在治疗中对此进行讨论。跟沃尔坎一样，我会建议患者把这些东西带到治疗中来。这样做对促进哀悼很有帮助，也有助于治疗师发现导致患者卡在哀伤过程中的最大冲突是什么。有意思的是，你会发现人们在完成哀伤治疗疗程后，常常无须外人建议，自己就会把这些曾被赋予了很多意义的物品收起来或送人。曾经有这样一名患者，她如果不随身携带丈夫生前写给自己的信，就不会出门，而随着治疗的推进，她开始主动把信留在家中了。菲尔德、尼科尔斯、霍伦和霍洛维茨（Field，Nichols，Holen & Horowitz，1999）认为这名患者是通过对逝者物品的依恋获得慰藉，通过美好的回忆来维持依恋，后者是一种更健康的持续性联结。

我偶尔会看到另一种生者保留的过渡性物品是逝者去世时穿的衣服，在发生突发性死亡的情况下尤是如此。一名女性的丈夫意外去世了，她一直保留着丈夫出事时穿过的衣物，直到处理好自己的哀伤。在哈佛儿童丧亲研究中，一个九岁的男孩在父亲去世后的第一年里一直戴着父亲的棒球帽，就连上床睡觉也不摘下来。父亲去世一年后，他戴这顶帽子的时间少了，开始把帽子挂在卧室的床头柱上。到了父亲去世的两年后，他依然保留着帽子，但不是戴着，而是把它收在衣柜里。

另一名患者和她的丈夫一起买了个玩具小龙虾，并给这个玩具取了个名字。他们没有孩子，这个玩具龙虾成了宠物、吉祥物。丈夫自杀后，妻子觉得睡觉时一定要把这个玩具放在枕头下，否则她就会很焦虑。在我们做了一个疗程的哀伤治疗后，她已经可以把这个小东西收到抽屉里了。她仍想留着它，因为它代表了一段美好的回忆，但她已不再需要用它来安抚自己了。这个患者与自己的丈夫关系其实很矛盾，因此我在治疗中的一项重要工作就是帮助患者更好地理解和处理这个矛盾。

帮助患者接受丧失已成定局

虽然大多数人在丧失发生后的最初几个月就能接受这一点，但有些人在很长一段时间内都坚持认为事情还会有转机——逝者会以某种形式回来。沃尔坎（Volkan，1972）称此为对重聚的长期希望。而治疗师要帮助这些患者评估是什么让他们难以接受丧失已成定局，这点非常重要。

卡罗尔是一个年轻的姑娘，她的家教非常严苛，虽然父亲在她十几岁时就去世了，但她甚至在五年之后仍不能面对丧失已成定局的事实。因为如果她接受了事实，就意味着必须开始自己做选择，必须面对自己的需求和冲动，这让她感到害怕。她回避自己做决定，她在某个意识层面上幻想父亲仍以某种方式存在，在幕后牵线操纵，约束着她的行为。我们使用了空椅子技术，让她和去世的父亲对话，从而提高她对这种冲突的认识。渐渐地，她能让幻想中的父亲离开，能为自己的选择负责了。在治疗的最后，她给父亲写了一封信，在墓园里读给父亲听，并把信留在了那里。

帮助患者设计没有逝者的新生活

第三项任务（适应没有逝者的生活）和双过程模型中的重建导向能帮助患者聚焦于自己的目标。我发现希尔（Shear，2017）的一项技术对此很有效：治疗师让患者想象如果他们的哀伤被神奇地消除了，他们想要为自己做些什么，然后治疗师和患者一起清晰地描述出在没有逝者的生活中，患者想要达成哪些目标。我曾经问过一名年轻女性这个问题。她的丈夫死于病程迁延、致人衰竭的疾病，他们的关系非常紧密。我们花了几个月的时间来处理她的哀伤，并让她适应了做两个十几岁儿子的单亲母亲的角色。当两个孩子离开家去读书时，她的哀伤变得严重了，她感到自己更加孤独。她想到了自己曾一直想做，但由于过早结婚而没有实现的事业愿景。她热情高涨，这是自丈夫死后，她第一次设想出了新生活的样貌。

评估并帮助患者改善社会关系

第三项任务中的另一个重点和目标是治疗师帮助患者加强并发展社会关系。许多丧亲者会觉得朋友不理解自己的悲伤并想让哀伤早早结束，此时他们就会远离从前的友人。朋友有时会对哀悼者的哀伤感到不舒服，他们在悲伤的哀悼者面前感到尴尬，所以就不再打电话给哀悼者或与哀悼者疏远了。一些曾经和配偶一起参加社交活动的丧夫者对独自去参加晚宴感到很不适应。丧亲者通常会感觉被污名化或污名化自己。在治疗中，治疗师要探讨患者对友谊的失望，通过角色扮演和一小步变化鼓励他们重新与朋友联系，让他们坦言对朋友的失望以及对翻开关系新篇章的希望。希尔（Shear，2017）称此为重建联系。有些丧亲者会与那些有类似丧亲经历的人建立新的友谊。

帮助患者处理结束哀伤的幻想

哀伤治疗中，一个有效的干预是让患者去幻想完成哀伤后他们会是什么样的，他们会得到什么益处。如果他们放弃了自己的哀伤，会失去什么。虽然这是一个相当简单的问题，但它往往会引出非常有意义的答案。有些人担心如果他们放弃哀伤，就会忘记逝者（Powers & Wampold，1994）。他们需要找到方法去记住并恰当地缅怀逝者，这样才能继续过好自己的人生。也有些人担心放弃哀伤会让其他人觉得自己对逝者并不在意。治疗师也需要这样的想法进行现实检验。

哀伤治疗的特殊议题

进行哀伤治疗时，我们要注意几个特殊的议题。第一是完成解决哀伤的重要性，别让患者的情况比他来找你治疗时更糟。如果在未解决的哀伤之下有未表达的愤怒，那么一旦这份愤怒被识别并感受到，就一定不能让患者停留在对愤怒的内疚中。如果治疗师仅仅是让患者的这种愤怒感受浮出水面却没进行恰当的解决，患者的情况就可能会比之前更糟糕，甚至可能使愤怒转化为抑郁。

第二是控制过于强烈的感受。派克斯（Parkes，2001）提出哀伤治疗可能会引发患者过于强烈的情感。但在我的临床经验中，这样的情况并不常见。尽管患者可能在治疗中体验到一些深层的、强烈的悲伤和愤怒，但他们基本都能找到必要的情绪边界，把情绪控制在一个可接受的范围内。不过，情绪是需要被监控的。我会使用主观痛苦感觉单位量表（Subjective Units of Distress scale，SUDS）监测其强度与辨识度。SUDS 是患者对一种具体感受的主观报告，评分从 0（无）到 10（能想象到的最强烈感受）。我还发现调节感受强度（dosing feelings）这个概念，或者说鼓励患者尽可能地处理感受，然后远离它，稍后再回来处理它，对一些人也是有用的。这使得患者可以控制有时太过激烈的情绪。在哀伤治疗的双过程模型中，我们会鼓励患者在深刻地体验哀伤（第二项任务）和重建自己的生活这两者间摆荡（第三项任务；Stroebe & Schut，1999，2010）。相应的，对于哀伤治疗中可能出现的强烈感受，治疗师要有承受力。这项能力显然是能否做好治疗的关键。

第三是帮助患者管理好哀伤治疗中经常感觉到的尴尬。如果患者是在几年前经历了丧失但没有充分地体验到哀伤，在治疗开始之前并没有体验到正常的哀伤情感，他们就会感受到全新的、强烈的悲伤。这可能给他们带来社交上的麻烦。一名大学的年轻女教师就是如此。虽然父亲在她 8 岁时就过世了，但她当时并没有体验到足够的哀伤。在哀伤治疗的过程中，她开始感觉到所有之前未能感受到的强烈悲伤。她努力在学校里做好自己的工作，但人们会过来问她："怎么了？你看起很伤心，好像有谁去世了一样。"她觉得告诉别人是自己的父亲去世了，不过他是在很多年前就去世了，这会让自己感觉很蠢很尴尬。如果治疗师提前提醒患者注意他们可能会有此遭遇，那就有助于他们适应这一状况。有时候，我会在患者允许的情况下，提前通知与患者生活在一起的家庭成员，告知他们患者开始做哀伤治疗了，他可能会有新的悲伤体验。这样这些家庭成员就会知道患者的表现可能会出现变化，避免对他产生误解。

多数时候，哀伤治疗是以个体治疗的形式进行的。有胜任力的治疗师也可以以团体的形式展开哀伤治疗。麦克勒姆、派珀、阿齐姆和莱考夫（McCallum，Piper，Azim & Lakoff，1991）有一个很有意思的方法，可以在有时限的丧亲团体中用心理动力方法来处理复杂性哀伤。此外，舒特、德·基耶瑟、范登布特和施特罗毕（Schut，de Keijser，van den Bout & Stroebe，1996）在荷兰为住院患者提供的团体哀伤治疗项目也有很好的结果。更多有关丧亲团体的内容可以参见第 5 章及霍伊的著作（Hoy，2016）。

技术和时机

我在做哀伤治疗时使用的一种非常有效的技术是格式塔疗法的空椅技术（the empty chair；Barbato & Irwin，1992）。我发现让患者用现在时直接与逝者交谈很重要，而不仅仅是让他跟我谈论逝者。与逝者对话比谈论逝者的效果更好（Polster & Polster，1973）。我在工作室摆了一把空椅子，让患者想象逝者正坐在那把椅子上。然后，我让患者直接向逝者谈论他对死亡的想法和感受，以及他们之间的关系。我从来没有遇到过哪位患者拒绝这样做，只要在给他介绍流程时充分地解释清楚，即便最犹豫不决的患者，最终也在我的鼓励下去做了。这是一项非常有力的技术，对处理未完成的事件、内疚和后悔等都很有用。你可以通过让患者换椅子坐，让他既对逝者说话，又代表逝者说话，这样可以增强这项技术的功效。与其他心理治疗技术一样，治疗师要在经过充分训练的情况下才能使用该项技术。这种技术显然不适用于有精神分裂症或边缘性人格的患者。

梅尔吉斯和德马索（Melges & DeMaso，1980）介绍了一项与此相关的技术，让患者坐在椅子上，闭上眼睛，想象他们在与逝者对话。这是空椅技术的一项替代技术，但技术的重点不在于患者是否闭眼，而在于他能否用第一人称和现在时对逝者说话。我把这项技术介绍给我在麻省总医院的一位同事，他是一位杰出的生物学者，曾接受过精神分析精神病学的训练。我想知道在我向他介绍了这个格式塔取向的方法后，他会做何反应。结果他笑了，跟我分享了一段他的个人经历。他说他父亲两年前去世了，他时常会想象父亲还在，并与父亲对话。

还有一项技术是使用角色扮演的心理剧。有时，我让患者同时扮演他们自己和逝者，互相交谈，直到解决一个特定冲突。使用逝者的照片通常有助于实现治疗目标。患者把一张自己喜欢的照片带到治疗会谈中来，这张照片可用来激发他的记忆和情感，有时还可以作为谈话的焦点，供患者与逝者用现在时进行谈论。

家庭作业在哀伤治疗中也很有用。它也被用于其他类型的治疗中，尤其是格式塔疗法和认知行为疗法。通过给患者布置两次会谈之间要完成的家庭作业，治疗师可以扩大每周一次的会谈所带来的益处，让整个治疗变得更短程更高效。这在短期治疗中特别有效。对于家庭作业的内容，并不存在什么限制，通常是对情绪进行监控，注意是什么认知引发了情绪。治疗师可以让患者给逝者写信，然后把信带到会谈中来与治疗师分享。这里有两点需要注意。一是一定要为家庭作业做好铺垫和支撑，让患者明白为什么你让他们在会谈后完成这项任务。二是一定要在之后的会谈中询问他们作业的完成情况。如果你不问，他们就会觉得作业不重要，并且将不会完成作业任务。

对于任何一项技术，把握好使用时机都至关重要。治疗师一定知道如何安排干预的时机。如果患者还没准备好，那鼓励他们表达情绪也没用。时机不当的干预会失败。如何训练专业人员掌握心理治疗干预的时机，一直都是个难题。我能做的就是再次重申干预的时机非常重要，因为干预的内容是敏感的，治疗是有期限的。

梦在哀伤咨询与治疗中的使用

　　丧亲者的梦常常与哀悼过程平行，往往反映了他正受困于哪项哀悼任务。咨询中的策略是把这些梦与任务联系起来。哀悼者常常梦到死去的亲人还活着，醒来却发现事实是斯人已逝，再也回不来了。这样的梦可以理解为哀悼者卡在了第一项哀悼任务上，不愿接受丧失的事实。哀悼者的梦还可以重新定义自己与逝者的关系（Belicki，Gulko，Ruzycki，& Aristotle，2003）。

　　对梦的研究说明了梦还能帮助哀悼者整合令其困扰的情感。这与第二项哀悼任务相关——让感受得以处理。内疚感、愤怒感、焦虑都是丧失后的常见感受，但有时候这些感受会强烈到损害丧亲者的功能的地步。

　　一位女士的母亲在医院去世了，她感到非常内疚。虽然她每天都去医院探望，但在她离开病床去吃饭时，母亲去世了。她为母亲的死而自责。她曾梦到自己试图用身体支撑母亲站起来，但她做不到。母亲还是倒下了。这个梦帮她意识到，在帮助母亲维持生命这件事上，自己其实无能为力；而她一度忽略了这个事实。

　　创伤性死亡常常会导致很多不适情感，正如在闪回和过度唤起反应中所能看到的那样。梦有助于哀悼者以某种方式整合创伤带来的情感，这在清醒状态下是无法做到的。

　　在适应没有逝者的生活（第三项任务）时，哀悼者会面临许多需要解决的问题。哀悼者常会梦到逝者就某个问题给自己提供一些处理建议。这种来自不同角度的建议能缓解哀悼者的焦虑，并推动他找到可能的解决之道。建构意义也是第三项任务中一个重要的内容，梦在帮助丧亲者建构丧失的意义方面也有作用。

　　如何在亲人离世的情况下继续生活是困在第四项任务阶段的哀悼者所面临的问题。一个年轻男性在妻子突然去世后发现自己无法与新的女性建立关系。他会去约会，但之后又会切断发展中的关系。五年后，他为此而求助于咨询。在咨询期间，他做了一系列梦，妻子出现在梦中，允许他继续自己的生活并找寻新的伴侣。他很珍视这份允许，但又不想在建立新关系的时候忘记妻子。有一天，他去给妻子扫墓时意识到，每当想起她时，自己都可以来到她的墓前，这样在继续自己生活的同时也有了怀念妻子的有形方式。

因为哀悼是一个过程，所以一个人可能会卡在这个过程中的任何一处。梦是一个有用的工具，不仅可以显示一个人在哪里卡住了，也可以用来识别是什么导致了这一僵局，以及这个人为什么卡住了。一个母亲的刚成年的女儿在一次事故中丧生了，她做了一连串寻找女儿的梦，想要找到她，看看她过得好不好。只有得知女儿一切安好，她才能继续自己的生活。她多次在梦中看到女儿，女儿离她有一段距离，看起来很幸福，但她心中仍有一些不确定。在咨询临近结束时，她做了一个梦，梦中她抓住一个金色气球，气球把她带到了女儿所在的云层上。女儿见到她很惊讶，在谈话中，女儿向她保证自己一切安好。她这才放下心来，问女儿如何能回到地面。女儿说："妈妈，往下走，你就会回到你要去的地方了。"这个母亲从梦中得到了一个信息，那就是女儿过得很好，她需要回到现实中继续自己的生活了。很多哀悼者都非常希望知道去世的亲人过得好不好，许多丧亲的梦都反映了这一点。

几点注意事项

如果咨询师鼓励来访者记录梦并在咨询会谈中讨论梦，那么需要注意以下几点。

1. 不是只有包含逝者的梦才与哀悼过程有关。但如果逝者出现在梦中，那么这个梦通常对哀伤很重要，而且一定不要忽略逝者在梦中是什么样子的（活着的、死了的，等等），逝者在干什么等信息。

2. 不要忽视梦的片段。来访者通常不会认为片段很重要。然而，如果咨询师和来访者都希望能理解来访者的哀悼，那么梦的片段就很重要，就像拼图一样，把片段都拼凑起来，才有助于理解整体。

3. 让做梦的人自己说出梦的意义（Barrett，2002）。精神分析工作中是由治疗师来解释梦的，但处理哀伤的工作中对梦的使用却与此不同。那个抓着气球升上天空见到云朵上的女儿的母亲曾提到气球的颜色是金色的。在我询问后，她告诉我，每个家庭成员在生日和纪念日都会收到家人送的一份金子做的礼物。在那个家里，金色赋予这件事以特殊意义。她从梦中得到的信息就是女儿送给她一份礼物，让她继续过好自己的生活。

4. 当来访者做了一系列梦时，要寻找可能将所有梦境联系起来的潜在主题。虽然这些梦中出现的隐喻和图像不同，但它们可能藏着一个相同的主题（Belicki，Gulko，Ruzycki，& Aristotle，2003）。

5. 在逝者去世的周年纪念日前后，生者通常会梦到逝者。对那些平时没有经常梦到逝者的人来说，也是如此。除了死亡以外的周年日，如生日、婚礼和其他生活转折点，也能激发出这样的梦。要鼓励来访者留心这些梦，并通过它们来了解自己处于哀伤进程的哪个位置。

6. 生者对逝者的依恋类型各不相同，梦有时能提供有关依恋关系本质的线索。一个母亲的年轻女儿突然被杀了，她的哀伤持续了多年。其他家人都已经完成了哀悼，他们不理解为什么她的哀伤会持续这么久。这个母亲做了一系列梦，在梦中，她其实从去世的长女身上寻找到了母亲般的关爱——这是她从未从自己的母亲身上获得的。梦的内容让她对这段关系的实质有了重要的认识，也让她意识到放开女儿意味着她放弃了再一次得到母亲般爱护的希望。

评估结果

通常有三类变化可帮助治疗师评估哀伤治疗的效果，包括主观体验的变化、行为变化和症状缓解。

主观体验

那些完成了哀伤治疗的人反馈他们发生了变化。他们谈到自尊的增强和内疚感的减少。他们评价道,"那种把我撕裂的痛苦已经消失了""我觉得这次我真正安葬了我的母亲""我可以不再哭着谈论我的父亲了"。

患者报告的另一种主观体验是对逝者的积极感受的增加。他们能想到逝者,并把积极感受与积极体验联系起来(Lazare,1979,1989)。一位曾难以承受丧母之痛的女性在治疗结束时说:

> 现在,我是单纯地想念她。而在以前,我会很痛苦。我想母亲会为我的进步而高兴的。她的离世唤起了我许多童年的挫败和无助感。我不再那么生气了。有些时候,我甚至不会想到母亲,这让我很惊讶。

行为变化

在没有治疗师的建议的情况下,许多患者就能表现出明显的行为变化。他们停止了寻找行为,重新开始社交,或开始建立新的关系。他们重返之前回避的宗教活动。以前不去扫墓的患者,在无人建议的情况下,也开始去扫墓了。一名女性在儿子去世后一直没有动过儿子的房间,她在最后一次哀伤治疗会谈中说:"我要把儿子的房间拆掉,把他的东西放到地下室去,把他的卧室改成书房。我不认为这样做是对他的不敬。"我从没建议她这样做,这些行为变化在完成了哀伤治疗的人身上很常见。一名丧夫者自己摘掉了结婚戒指,她说:"我不再是已婚妇女了。"还有一名女性以前不愿意悬挂美国国旗,因为她儿子的棺椁上曾盖过国旗,而哀伤治疗后,她开始在适宜的节日里悬挂国旗了。

症状缓解

患者完成一系列哀伤治疗时,他的症状也会发生明显的缓解。患者反映他们的身体疼痛减少了,最初导致他们前来做哀伤治疗的症状也减轻了。

一个患者曾有呕吐的症状,这给她带来了很多困难。实际上,这一症状和她在 5 岁时看到父亲在去世前两天表现出的症状非常相似。在她完成一系列哀伤治疗,处理了与去世的父亲相关的未完成事件后,这些症状就自然消失了。

很多临床工具可用于评估患者的哀伤症状。除了可以使用像 SUDS 这样的评分量表去测量痛苦之外,治疗师还可以使用《贝克抑郁量表》(Beck Depression Inventory)或《流调中心用抑郁量表》(Center for Epidemiologic Studies–Depression scale,CES-D)来评估抑郁情况,用《症状自评量表 – 修订版》(Symptom Checklist-90-Revised,SCL-90-R)来测量抑郁、焦虑和整体心理健康水平。哀伤可以通过各种量表来评估,比如《得克萨斯修订版哀伤量表》《霍根哀伤反应清单》,当然还有最新版的《复杂性哀伤问卷》。

我想说的是,哀伤治疗确实是有效的。治疗师可能无法确定其他一些类型的心理治疗的效果,但哀伤治疗与它们不同,哀伤治疗的效果是非常明显的。患者的主观体验及可观察到的行为改变,都证明这种有针对性的治疗性干预很有价值。

反思与讨论

- 作者认为哀伤治疗与哀伤咨询的不同之处在于,哀伤治疗旨在帮助丧亲者识别并解决阻碍其完成哀悼任务的分离冲突。在你服务的丧亲者中,情况是这样吗?在你的亲友圈中,你观察到过这样的情况吗?
- 本章明确区分了联结性物品、过渡性物品和纪念物。你如何理解它们之间的不同?你能在工作中或在个人生活中举出它们的例子吗?
- 心理剧和家庭作业只是本章所讨论技术中的两项。你在工作中使用过本章列出的哪些技术?你觉得它们有效吗?还有哪些技术是你想去尝试的,为什么?

- 在哀伤的过程中，梦常会起到重要作用。你从本章关于梦在哀伤治疗中的使用这部分内容里获得了哪些新的观点？在你自己的哀伤经历中，梦起了什么作用？
- 本书认为哀伤治疗和哀伤咨询能有效地帮助丧亲者。你在自己所服务的丧亲者身上看到过哪些症状缓解、行为变化和主观体验修复的情况？你认为这些好转是什么促使的？

Grief Counseling
—and—
Grief Therapy

第 7 章

特殊丧失引发的哀伤

在处理某些特殊的死亡方式和情况时,前面章节描述的干预程序仍有不足。在这些情况下,咨询师需要对丧亲者提供额外的共情并调整自己的干预方式。遇到亲人自杀、突然死亡、婴儿猝死、意外流产和死产、堕胎、预期死亡和艾滋病等造成的丧失时,丧亲者会出现明显的问题。咨询师应该意识到这些情况的特点和问题所在,以及这些事件为咨询干预提供了什么信息。

自 杀

在美国,每年有近75万人因家庭成员或所爱之人的自杀而陷入哀伤。除了丧失感外,丧亲者还有羞耻、恐惧、被拒绝感、愤怒和内疚等感受。美国自杀预防运动之父埃德温·施内德曼(Edwin Shneidman)曾说过:

> 我相信自杀的人把自己的心理骨骼藏在丧亲者的情感储藏室里——如同给丧亲者下了有罪判决,让他们处理许多负面情绪。更重要的是,

自杀事件让丧亲者无法停止思考，他们是否有可能导致亲人的自杀或是未能阻止亲人的自杀行为。这是一个沉重的负担。（Cain，1972，p. x）

理查德·麦吉（Richard McGee）是佛罗里达一所大型自杀预防中心的负责人，他认为"对任何家庭而言，自杀都是最困难的丧亲危机，需要以有效的方式面对和解决"（Cain，1972，p. 11）。我本人在与自杀丧亲者工作中的临床经验证实了这些观察结果。哀伤咨询师必须认识到来访者的经历在哪些方面是独特的，进行有针对性干预，以取得最佳效果。有证据表明，与其他类型的丧亲相比，自杀丧亲导致的哀伤可能更强烈，持续时间更长（Farberow，Gallagher Thompson，Gilewski，& Thompson，1992）。但也有学者认为，自杀丧亲与普通丧失没有什么不同（Cleiren & Diekstra，1995）。还有人认为，自杀丧亲是哀伤和创伤后应激障碍的结合（Callahan，2000）。尽管存在这些差异，但人们普遍同意，自杀丧亲往往存在与其他类型的丧亲不同的三个重要主题：他们为什么这么做？为什么我没有阻止自杀？他怎么能这样对我？（Jordan，2001，2010）

经历家人或亲密他人的自杀后，丧亲者体验了各种感受，其中最主要的感受之一是羞耻（shame）。在当前社会里，自杀仍被污名化（Houck，2007；Peters，Cunningham，Murphy，& Jackson，2016）。家庭成员自杀后，丧亲者成为不得不承受耻辱的人，他们的羞耻感会受到外界反应的影响。"没人会跟我说话，"一位儿子自杀的母亲说，"他们假装若无其事。"这种额外的情绪压力不仅影响丧亲者与社会的互动，还会极大地改变家庭内部的关系（Kaslow & Aronson，2004）。家庭成员常常会以一种默契的方式来确认对方是否知道亲人自杀的真相，并根据这一情况调整彼此之间的互动。

自杀未遂者也会被污名化（Cvinar，2005）。一名女子曾经从一座50米高的桥上跳下来并活了下来，从这样的高度跳下并存活是很少见的。事后，女子却经历了身边人的负面反应，她感觉非常羞愧，以致再次尝试自杀。她又一次从同一座桥上跳下，但这次去世了。

内疚是自杀丧亲者的另一种普遍感受。他们经常感觉痛苦，认为自己需要对死者的行为负责，并认为自己应该或本可以做些什么来防止亲人死亡。当自杀身亡者和丧亲者之间还曾存在人际冲突时，这种内疚感尤其难以消除。

正如第 1 章所述，面对任何类型的死亡，丧亲者有内疚感都是正常的，但在亲人自杀的情况下，这种感觉会被严重夸大。相比亲人因其他原因死亡的丧亲者，自杀丧亲者更经常感觉内疚（McIntosh & Kelly，1992）。由于这种内疚感十分强烈，丧亲者可能觉得自己有必要受到惩罚，并做出可能会导致被惩罚的事情。这种自我惩罚行为的例子在儿童身上常常会表现为犯罪或药物、酒精成瘾。不管丧亲者希望被惩罚的需求是否被成功地满足了，他们行为模式的变化是显而易见的。

有时丧亲者为达到被惩罚的目的会走极端，以得到自己"应得的"惩罚。我看到一名正在接受治疗的女性通过暴饮暴食来惩罚自己，直到体重超过 135 千克。但似乎这还不够，她接着用锤子砸碎自己骨头，并在痊愈后再次砸碎它们。她的特殊问题是在她弟弟自杀后出现的，她原本觉得对此负有一定责任，但是当祖父母毫不留情地告诉她，弟弟的死亡就是她的责任时，她的负担加重了。由于年少，她无法从现实角度检验自己的内疚感是否合理，并产生了一系列漫长而奇怪的自我毁灭行为。

内疚有时可以表现为责备。有些人处理内疚感的方式是将自己的内疚投射到他人身上，并指责他人应对死亡负责。找一个人来责备可能有助于丧亲者确认控制感，为难以理解的情境寻找一种意义。

自杀事件中的丧亲者常常会感到强烈的愤怒。他们认为死亡是一种拒绝，当他们在问"为什么，为什么，为什么"的时候，他们通常真正想知道的是"他为什么要这样对我"。这种愤怒的强烈程度经常让他们感到内疚。一名中年女性的丈夫自杀了，她在自己的房子里踱步了近半年，并大声吼道："该死，如果你没有自杀，我会因为你让我经历的折磨而杀了你。"她需要自己释放愤怒，在两年后的随访中，这名女性的状况似乎已经得到改善。

与这种愤怒相关联的是低自尊。埃里希·林德曼和艾娜·梅·格里尔

（Erich Lindemann & Ina May Greer，1953）强调了这一点，他们认为："自杀丧亲会让人觉得被拒绝"（p.10）。丧亲者经常推断死者没有充分为他们考虑，否则就不会自杀。这种拒绝可能是对丧亲者自我价值的打击，导致低自尊和强烈的哀伤反应（Reed，1993）。在这种情况下，咨询会特别有帮助。

自杀事件发生后丧亲者的恐惧也是常见反应。法罗等人（Farberow et al.，1992）的研究发现，自杀事件中的丧亲者比自然死亡事件中的丧亲者焦虑程度更高。丧亲者常见的恐惧感源于他们内在的自我毁灭冲动，许多人似乎带着一种宿命感。自杀者的儿子尤其如此：

> 他们常常发现生命中缺少某种活力。即使是在我们这样一个出名的无根社会⊖中，他们也比大多数人更容易感到无所依靠。他们对过去无动于衷，对未来麻木不仁，以至于怀疑自己也可能会自杀。（Cain，1972，p.7）

我曾经对一群年轻人进行过追踪调查，他们在青少年早期遭遇了父亲的自杀事件。在他们20～40岁期间，这些年轻人都认为自杀是自己的宿命。自杀丧亲者无法摆脱自杀的阴影并不罕见，一些人会心存恐惧，另一些人的应对方式则是为自杀预防团体［如撒玛利亚会（Samaritans）］做志愿者。

在一个家庭中发生了几起自杀事件的情况下，家人可能感觉焦虑，担心这种倾向会遗传。一名年轻女性因为心怀恐惧而在结婚前进行咨询，她的两个兄弟自杀了，她想知道自己的后代是否会有自杀的倾向，还担心自己是否也会成为失败的家长，因为她觉得父母没有成功养育她的兄弟。

自杀丧亲者的另一个特征是认知歪曲。丧亲者（尤其是儿童）通常需要将死者的自杀行为视为意外死亡。随之产生的是一种歪曲的家庭沟通方式。家庭会编造一个关于逝者自杀事件的故事，任何挑战这个故事并试图说出真相的人都会激怒其他人，因为家人需要把逝者的离去看作意外死亡或者

⊖ "无根社会"指美国社会。美国作为一个只有两百多年历史的移民国家，绝大部分美国人的根都不在美国本土，因此美国密歇根大学心理学荣誉教授阿尔伯特·凯恩（Albert C. Cain）在《自杀的幸存者》（*Survivors of Suicide*）一书中将美国社会称为"无根社会"。——译者注

自然死亡。这种认知歪曲在短期内可能会有帮助，但从长远来看，肯定不会有好处。

重要的是，我们必须记住，自杀者的家庭中往往存在困难，如酗酒或虐待儿童等社会问题。家庭成员之间可能本就存在矛盾情绪，自杀只会加剧这些情绪和问题。为了最大限度地提高哀伤咨询的效果，咨询师必须考虑到可能存在的与自杀有关联的社会和家庭问题。

相比本书前几版出版的时候，现在协助自杀的议题得到了更多的讨论（Pearlman et al., 2005；Wagner, Keller, Knavelsrud, & Maercker, 2011）。初步研究表明，参与协助自杀实际上会给丧亲者带来正面影响。然而，如果丧亲者没有参与协助自杀的计划或实施过程，那么他的反应可能更类似于典型自杀丧亲者的反应（Werth, 1999）。我们显然需要在这方面进行更多研究。

与自杀丧亲者的咨询

当与自杀丧亲者进行咨询时，咨询师必须记住，自杀死亡是前面提到的那些无法公开提起的丧失之一（Lazare, 1979, 1989），丧亲者及身边人都不愿谈论这样的死亡。咨询师或治疗师可以帮助丧亲者填补他们因与他人缺乏沟通而造成的空白。对这些丧亲者的干预可以包括以下内容。

对丧亲者的内疚和责备进行现实检验

我们在第 4 章中描述过这一步骤，自杀丧亲者可能需要更长的时间来完成这一过程。许多内疚感可能是不现实的，经不起现实检验，内疚感的消逝会为丧亲者带来解脱。一名年轻女性对她哥哥的死感到内疚，但当她读到自己在他自杀前不久寄给他的一封信时，她得到了救赎。这封信是他的遗物之一，它帮助她意识到自己已经向哥哥伸出了手。然而，在另一些情况下，丧亲者确实对自杀事件负有责任，咨询师面临的挑战是帮助这个人处理内疚感。当责备是治疗会谈的主要特征时，咨询师也可以加强现实检验。如果这种指责备以替罪羊的形式出现在家庭中，那么我们可能需要通过家庭会谈来处理这个问题。一些丧亲者会因得到解脱而内疚，因为逝者去世后，他此前的异常行为和自杀企图等问题都被一笔勾销了（Hawton & Simkin，2003）。

矫正否认和认知歪曲

丧亲者需要面对自杀的现实才能解决问题。咨询中咨询师应使用直截了当的措辞，比如"他自杀了"或"他上吊了"，这有利于让丧亲者面对现实。目睹自杀场景的人有时会被现场的侵入性图像所困扰，或表现出创伤后应激障碍的各种症状（Callahan，2000）。对于不在场的人来说，想象的场景有时会比真实的场景更糟糕。探讨这些画面可能很困难，但对它们的讨论有助于现实检验。这些画面通常会随着时间淡化，如果它们一直持续的话，可能需要特殊的干预。例如，一名父亲发现他十几岁的儿子开枪自杀了。在接下来的几个月里，儿子尸体的侵入性画面是他脑海中唯一的内容。经过几次精心安排的眼动脱敏和再加工治疗，他能够回忆起和儿子一起度过的快乐时光，甚至在回想过去时还会发笑。

咨询的另一项任务是矫正丧亲者的认知歪曲，让他重新定义死者的意象，使意象更接近现实。许多丧亲者倾向于认为死者要么全是好的，要么全是坏的，咨询师需要挑战这种不现实的想法。一名年轻的女性来访者经历了父亲的自杀，在治疗过程中，咨询师必须协助她将父亲的意象从一个"超级父亲"重新定义为"一个患有严重的抑郁症，看不到出路，并在绝望中结束了自己生命的超级父亲"。

探索对未来的幻想

咨询师可以使用现实检验，带领丧亲者探索死亡会如何影响他的未来。如果确实产生了现实的影响，咨询师则需要探索丧亲者所面对的现实问题的解决方法，比如可以问自己："当我有了孩子，我要怎么告诉他们，你们的叔叔是自杀身亡的？"

处理愤怒

处理自杀死亡可能产生的愤怒和愤恨，允许丧亲者表达这些情绪，同时增强丧亲者对这些情绪的控制感。一名丈夫自杀的女性在最后一次咨询会谈中说："我已经度过了最艰难的部分。能够表达愤怒是一种解脱，你已经允许我这么做。我仍然感觉哀伤，但已经没关系了。"

对被遗弃感进行现实检验

感觉被遗弃也许是亲人自杀最具破坏性的结果之一。那些亲友自然死亡的丧亲者即使明白死亡既不是死者所希望的，也不是死者造成的，仍会感觉被遗弃。自杀丧亲者的被遗弃感更是极端强烈。这种感觉可能部分符合现实，但仍需要咨询来评估现实感的程度。

帮助他们寻找死亡的意义

丧亲之痛会激发人们对意义的存在性探索，并与第三项哀悼任务相关。自杀事件的丧亲者面对的是突然的、意料之外的，有时甚至是暴力性的死亡，因而任务也更加困难（Range & Calhoun，1990；Silverman，Range，& Overholser，1994）。人们觉得有必要找一个答案来解释为什么所爱之人要自杀，特别是要确定死者生前的精神状态。自杀丧亲者经常觉得有义务向他人解释亲友的自杀，而他们自己却往往难以找到答案（Moore & Freeman，1995）。在一项研究中，克拉克和戈德尼（Clark and Goldney，1995）发现，刚失去亲人时，许多丧亲者看不到悲剧中的任何意义。对部分人来说，时间的推移会产生改变，他们会逐渐恢复，并能在生活中做出积极的改变，但仍有人一直悲痛欲绝。一些人认为精神疾病和自杀的医学模型对理解自杀很有帮助，尤其是抑郁症的神经递质理论。对自杀的理解是复杂的过程，并非简单的线性过程（Begley & Quayle，2007）。

在为自杀事件寻找意义时，人们会遇到自杀遗言的议题。这种遗言并不常见，一项研究表明，只有18%的自杀者会留下遗言。对一些丧亲者来说，这些遗言的内容可能是有意义的，而对另一些人来说，这些内容可能会阻碍丧亲历程（Cerel Moore，Brown，Venne，& Brown，2015）。

以下是一些额外的干预建议。

1. 马上联系丧亲者或他的家人，最好在歪曲的解释定调之前行动，因为有关家庭的流言传播得很快。使用"死于自杀"而不是"进行自杀"的说法，因为后者会带来一种罪耻感（Parrish & Tunkle，2003）。

2. 留心咨询中丧亲者付诸行动的可能性。来访者可能会试图让咨询师排斥他们，以符合他们内在的负面自我形象。咨询师应该检测丧亲者是否有自杀风险和患其他精神疾病的风险。乔丹和麦克梅尼（Jordan & McMenamy，2004）引用施奈德曼的话提醒我们："事后介入就是预防"。

3. 许多自杀丧亲者认为没有人能理解他们，除非别人也经历了类似的丧失经历（Wagner & Calhoun，1991）。当社区中有足够多的人因为这类丧失而哀伤时，可以考虑为他们建立一个互助团体。与经历过类似丧失的人分享是有价值的。在一般的丧亲者团体中，如果只有一名自杀丧亲者，咨询师可以试着再招募一名自杀丧亲者，避免让现有的丧亲者得出"这里没有人能理解我的丧失"这样的结论。米奇尔、盖尔、加伦德和韦斯纳（Mitchell，Gale，Garand，and Wesner，2003）使用叙事疗法，在为期8周的自杀丧亲支持团体中取得了良好的效果。团体的焦点是死亡带来的终结，与自杀本身无关。

4. 如果可能的话，参与咨询的还应该包括家庭和更大的社会系统（Jordan & McIntosh，2010）。然而，并非所有的家庭都会分崩离析，一些家庭通过这样的危机反而变得更加亲密（McNiel，Hatcher，& Reubin，1988）。可以参见卡斯洛和阿伦森（Kaslow & Aronson，2004）针对自杀家庭给予的干预建议。

尽管自杀丧亲者有许多共同的经历，但咨询师必须不断提醒自己，哀伤的经历是多面的。本书第3章中介绍的哀悼的影响因素可以解释个体之间的显著差异。

突发性死亡和暴力性死亡

突发性死亡是指在没有预警的情况下发生的死亡，此类事件需要特殊的理解和干预。虽然这一类型中也包括自然死亡，如中风或心脏病突发导致的猝死，但许多突发性死亡是暴力导致的，如事故、自杀和凶杀，这些都需要在咨询中讨论。一些研究人员对丧亲者从丧亲开始，进行了数月的跟踪调查，以评估哀悼过程的情况。大多数研究的结论是相似的——在其他类型的死亡事件中存在死亡即将来临的预先警告，与之相比，突发性死亡事件带来的哀伤更难处理（Parkes, 1975）。在过去的十年里，带有暴力性质的突发性死亡事件有所增加，比如恐怖活动、大规模枪击、飓风、地震和飞机失事等造成的死亡。

为亲友突然死亡的丧亲者咨询时，咨询师要考虑一些特点。第一，突发性死亡通常会让丧亲者对丧失有一种不真实感：电话铃响带来噩耗，所爱之人意外死亡或被杀害。此时产生的不真实感可能会持续很长时间。丧亲者经历了这样的丧失后，常常会感到麻木并茫然地走来走去。拉斯维加斯发生大规模枪击事件后，连续几天视频监控器中都可见许多人在拉斯维加斯大道和事件发生地点周围走来走去，茫然不知下一步该做什么。丧亲者往往会在突然丧亲后经历噩梦或出现侵入性画面，即使他们并没有目睹亲友的死亡（Rynearson, 2001）。适当的咨询干预可以帮助丧亲者应对突发性死亡事件，进行现实检验，并处理因创伤导致的侵入性画面，这些画面可能会阻碍正常的哀伤过程。

经历这种突然且具有暴力性质的丧失后，丧亲者出现的第二个特点是严重的内疚感。任何类型的死亡都会给丧亲者带来内疚感，但在亲友突然死亡的情况下，人们通常会用"如果……就好了……"的语句表达强烈的负罪感。比如"如果我没有让他们去听音乐会就好了"，或者"如果我和他在一起就好了"。咨询干预的主要议题之一是关注这种内疚感，并帮助丧亲者对责任问题进行现实检验。经历亲友的突然死亡后，儿童的内疚感往往与其敌意愿望的实现有关。有时儿童会希望父母或兄弟姐妹"去死",如果此类充满敌意的愿望中的一个人或多个人死亡,就会给儿童留下非常沉重的负罪感(Worden,1996)。

第三,与内疚情绪相关的是对责备的需要,在突发性死亡的情况下,将发生的悲剧归责于他人的需要会非常强烈(Kristensen, Weisæth, & Heir, 2012)。正因如此,家庭中经常会找出某个人来成为替罪羊,不幸的是,孩子经常成为这种行为的目标。

与突发性死亡相关的第四个特点是医疗机构和司法当局的介入,发生事故或凶杀案件后尤为如此。对那些所爱之人被杀的丧亲者来说,在案件的法律方面得到解决之前,很难继续完成哀悼。在一个刚成年的女儿被谋杀的家庭中,法律程序在丧亲后已经持续6年,但还看不到尽头。她的父亲说:"通常情况,家里有人去世时,在经历了死亡和哀悼过程后,你总会慢慢地开始新的生活。但只要法律程序还在继续,哀悼就没有尽头,没有时间把发生的事情抛在脑后。"(Kerr, 1989)一些丧亲者觉得本应提供帮助的司法系统反而使自己再次成为受害者。由于突发性死亡案件往往让人怀疑有无犯罪可能,司法当局会进行调查,包括讯问和审判。众所周知,美国司法系统运行缓慢,这些程序往往需要很长时间才能完成。进度缓慢会产生两种作用:①可能推迟哀伤的过程,即哀伤的人可能会被法律程序的细节分散注意力,以至于无法第一时间处理哀伤,②然而,有时这些法律事件会起到积极的作用。当案件得到判决并结案时,可以帮助人们继续推进哀伤过程。

突发性死亡的第五个特点是其所引发的丧亲者的无助感。这种类型的死亡损害了人们的力量感和秩序感,无助感往往与难以置信的愤怒联系在一起,丧亲者会想向他人发泄愤怒。医院的工作人员可能成为暴力的目标,丧亲者也可能表示,因亲人死亡而想杀死某些事件相关者。我们经常会听说经历突发性死亡的丧亲者提出诉讼指控,表达愤怒可能有助于他们对抗正在经历的无助感。咨询师还应该意识到,丧亲者报复的欲望可能是对现实和死亡痛苦的防御（Rynearson，1994，2001，2006）。

丧亲者也可能表现出很激动的状态。突发性死亡带来的压力会引发"战斗"或"逃跑"的反应，并导致激越性抑郁症。肾上腺素和其他激素水平的突然增加通常与这种激动的状态有关。

未完成事件是经历突发性死亡的丧亲者特别关心的。亲友的突然死亡给生者留下很多遗憾，他们不再有机会向逝者传达未说出口的话，也不能再一起做事。咨询干预可以帮助丧亲者专注于未完成事件，并找到更好的结束方式。

突发性死亡的第六个特点是丧亲者越来越想了解事情发生原因的需要。在第2章中我们提到，人们想知道任何死亡事件发生的原因。寻找意义是第三项哀悼任务的主要部分。在突发性死亡，尤其是暴力性死亡的情况下，人们似乎特别需要寻找意义。若亲友的死亡是创伤性的，那么这种对意义的探索可能与寻求掌控感有关。除此之外，人们不仅需要确定原因，还需要追究责任。此时上帝可能是这些人唯一能够指责的目标，当人们试图在亲友死后拼凑事件全貌时，常常会听到他们说"我恨上帝"。

另外两个特点，尤其是对暴力性死亡而言，是不确定的丧失和多重丧失的问题。不确定的丧失是指那些必须等待确认死亡消息的丧失。这对近亲来说压力特别大；也会推迟或延长哀伤的过程。在战争、恐怖主义行为和自然灾害中，尸体往往无处可寻。这会给哀悼者带来未解决的哀伤、无助感、抑郁、身体症状和关系冲突（Boss，2000）。

当几个亲密的朋友或家人在同一事件中丧生时，丧亲者就可能发生多重丧失。同时失去几个家庭成员并不罕见，尤其是在自然灾害和大规模枪击事件中。这可能会让哀悼者感到不知所措或陷入悲痛之中，使居丧过程无法进行。心理学家罗伯特·卡斯滕鲍姆（Robert Kastenbaum）称之为丧痛过载（bereavement overload；Kastenbaum，1969）。处理多重丧失的技术可以在本书的第6章中找到。

针对经历突发性或暴力性死亡的丧亲者，我们能提供的干预措施实际上就是危机干预，危机干预的原则适用于此处。具有历史意义的是，关于危机干预的最早文献实际上始于林德曼（Lindemann，1944）与椰林夜总会火灾丧亲者工作时出版的著作。

一些咨询师会身处危机现场。在许多情况下，医院就是现场。咨询师应该坚定地提供帮助。处于麻木状态的丧亲者有时无法寻求帮助，倘若问他们："你需要帮助吗？"可能会得到否定的回答。干预者可以这样对丧亲者表达："我看到过经历这种丧失的人，我来这里是为了与你交谈，与你共同面对。我们需要打电话通知其他亲属、联系殡仪馆等。"从短期来看，把自己的力量借给干预对象可能是有用的，但尽快加强丧亲者的自我效能感，从而减少退行，是效果最显著的干预措施。

有几种方法可以帮助丧亲者确定丧失的事实。第一种是让他们选择是否看死者的遗体，以推进哀伤过程和确定事实。我发现这对丧亲者而言是表达最后致意的机会，也希望让丧亲者看到逝者被处理过的、安详的遗体，即使死因是交通事故或其他暴力事故。如果遗体有残缺，去看之前应该通知家属。能够看到遗体或部分遗体有助于家人意识到死亡的事实，这也是哀悼的第一项任务。我曾和在亲友意外身亡后没有去看遗体的丧亲者工作过，几年后他们告诉我，后悔当初没和遗体道别。第二种帮助丧亲者确定丧失的方法是让他们关注死亡（丧失）本身，而不是事故的情况或责怪他人。

咨询师可以用来帮助丧亲者面对丧失的第三种干预方法是使用促进面对现实的支持（confrontational support；Kristensen Weiæeth，& Heir，2012）。此方式包括直接使用"死"这个词，例如，"珍妮死了，你想告诉谁这个死讯？"使用像"死"或"自杀"这样直接的词语有助于人们面对死亡的现实，也有助于他们进行后事安排。

咨询师应尽可能熟悉医院，并确保逝者的家庭成员身体舒适，尽量远离忙乱、喧嚣的急诊室，让他们聚在一起。应该尽一切努力让他们身体感觉舒服。但在发生重大灾难时，这显然会较难实现。

作为照顾者，应该注意到我们自己的无助感经常会不经意地通过老生常谈的安慰话语流露出来。偶尔我们会在医院听到一些原本出于好意的言语："你还有你的丈夫"，或者"你还有你的孩子"。大多数丧亲者报告说，这些言论并没有安慰的作用。如果照顾者说"一切都会好的"，实际上是在给予虚假的承诺。然而，如果照顾者说的是"你会挺过来的"，就比较接近现实，偶尔能给处于此类危机中的人带来一些安慰。

咨询师、社区或宗教资源应提供后续照顾。"被谋杀儿童的父母"（Parents of Murdered Children，888-818-7662）赞助的团体为亲友死于暴力的丧亲者提供帮助。照顾者可以留意类似资源，并将丧亲者转介给专门团体，作为后续照顾的一部分。

在所有关于突发性死亡和暴力性死亡的讨论中，人们都应该考虑到创伤的议题。某些死亡，如凶杀、大规模枪击和其他暴力性死亡会引发丧亲者的创伤和哀伤反应。创伤的核心特征是侵入性画面（如重新经历死亡）、回避性思维和高警觉（如将巨响当作枪声等）。目前的观点认为，治疗师在进行哀伤工作之前，应该在临床上处理创伤后应激障碍的问题（Parkes，1993；Rando，1993）。

雷尔松（Raynearson）和麦克里里（McCreery）是凶杀案后丧亲研究的先驱，他们指出（Rynearson & McCreery，1993）：

> 创伤性画面和回避行为对认知、情感和行为的解体效应，削弱了丧亲者承认和适应丧失的内省及反思功能。虽然治疗中的一个基本主题是承认丧失，但治疗的最初目标还包括处理侵入性反应或回避反应。（p. 260）

有些具体干预措施可以专门用于被诊断为患有创伤后应激障碍的人，例如眼动脱敏和再加工治疗（Solomon & Rando，2007）。然而，最初的治疗策略必须是支持性的，并侧重于重建复原力，因为这些丧亲者大多已经不堪重负且反应迟钝。聚焦于哀伤的干预不应集中于哀伤的影响因素，如丧亲者与死者矛盾的关系和内疚（Rynearson，2001，2012）。

婴儿猝死综合征

婴儿的猝死应该成为一个单独讨论的话题。在美国，每年大约有3500名婴儿死于睡眠相关障碍，包括婴儿猝死综合征（sudden infant death syndrome，SIDS）。该症发生在1岁以下的婴儿中，最常见于2～6个月的婴儿（通常是男孩）。虽然目前已经有帮助父母预防婴儿猝死综合征的儿科指南（Task Force on Sudden Infant Death Syndrome，2016），但此症的发病原因还不完全清楚，机制也没有完全确定。因婴儿猝死综合征而失去孩子的父母通常认为婴儿死于窒息或呛噎，或者认为婴儿患有某种此前未曾查出的疾病。

有几个因素使这类丧失的哀伤过程变得复杂。第一，看起来健康的婴儿会在没有预警的情况下死亡。因为死亡出人意料，所以家长没有机会去预防丧失，这和婴儿或儿童死于进行性疾病的情况不同。第二，缺乏明确的原因，这会引发家长巨大的内疚和责备。家人和朋友总是在想："为什么宝宝会死？"找不到具体的原因常常让人怀疑父母对孩子有所疏忽，也会引发父母对孩子死亡原因的不懈寻找。产妇产前的药物使用也可能导致婴儿猝死综合征，这让一些父母感觉更加内疚（Gaines & Kandall，1992）。

第三个困难来自司法系统的介入。如前所述，突发性死亡的情况常常需要司法调查；警察经常调查婴儿猝死综合征的案例。许多经历这一过程的父母认为，他们不得不忍受毫不顾及感受的审讯，在少数情况下甚至被监禁。随着社会对儿童虐待和儿童忽视问题的认识日益增加，孩子死于婴儿猝死综合征的家长现在会受到怀疑和司法调查，这只会为本已紧张的情况雪上加霜。

另一个问题是婴儿猝死综合征对兄弟姐妹的影响。年长的兄姐可能会怨恨新生儿的到来，婴儿死去时，他们会感到内疚和自责。一项研究发现，在婴儿因猝死综合征死亡的2年后，其4～11岁的兄姐会出现高水平的抑郁、攻击性和社交退缩（Hutton & Bradley，1994）。

父母因此分手的可能性也很高。孩子的死亡加剧了夫妻关系的紧张，夫妻之间或许不会有性生活，因为害怕怀孕及再次重复这段经历。妻子可能会觉得丈夫对婴儿的死亡漠不关心，因为她哭的时候，他并没有一起哭。但妻子没有意识到的是，丈夫不哭往往是因为不想让她难过，或者他哭起来可能感觉不舒服。然而，这种类型的误解会给一段关系带来很大的压力，也是夫妻在这种压力下沟通失败的一个例子（Dyregrov & Dyregrov，1999）。这其中不仅有哀伤，还有很多愤怒。一个父亲的孩子在两个月大时猝死，他对我说："我同意让他进入我的生活，但仅两个月他就离开了我。"起初，他对自己有愤怒的感受感到内疚，但咨询后他明白这种反应是正常的。

我们可以做一些事情来帮助丧亲者更好地处理这种丧失。首先是关于婴儿的父母在医院的待遇。在此类死亡发生时，婴儿通常会被送往医院，并在那里宣布死亡。如何将这个信息传递给婴儿的父母，对于帮助他们适应丧失是很重要的。在医院里，工作人员进行关怀的一种干预方式是允许父母与婴儿的遗体再相处一会儿。这是非常重要的，因为父母经常希望靠近他们的孩子，抱着他们的孩子，或者和他们死去的孩子说话。医院工作人员对这样做有无益处有不同的看法，但是在我看来，让父母有这个选择是非常重要的。

许多与婴儿遗体相处过的父母后来报告说，这有助于他们克服这段非常艰难的经历。其次，在这类死亡中，父母同意对孩子进行尸检的重要性怎么强调都不为过。它让父母们面对现实，了解到底发生了什么。摩根和戈林（Morgan and Goering, 1978）就这一主题写道，"死后检查"这一表达方式对外行人来说比"尸检"更容易接受。若父母对孩子的死亡感到内疚，有时会拒绝尸检。然而，请求许可的人可以告知尸检的一些重要原因：这是了解疾病和死亡原因的最后机会；当我们知道死亡事件是不可避免的时候，我们更容易接受死亡；了解死亡事件的确切原因通常是保险赔偿或司法调查所必需的。如果要求尸检的人确信其重要性，他更有可能获得婴儿家长的同意。不要胁迫家庭成员给予许可，而是应该巧妙地鼓励他们这样做。

医生向家庭提供关于婴儿猝死综合征的信息是非常重要的。给父母一些关于哀伤过程的信息也很重要，这样他们就不会觉得自己快疯了，或者哀伤将永不结束。治疗师不应该忽视家中其他孩子，以及他们对丧失的想法和感受。这可以在家庭治疗中完成，也可以通过观测他们在丧亲后的行为来完成。这些孩子经常会出现睡眠问题或学校问题。

最后，父母可以接受后续怀孕的咨询建议。这些父母经常不敢再次怀孕，担心下一个孩子会再次患上婴儿猝死综合征。咨询师还应该意识到，由于环境、孩子的年龄和死亡的突然性，父母可能不愿承认孩子的死亡。许多父母觉得有必要保持婴儿房间的完整，每天放洗澡水并保持过去的行动日程，直到他们逐渐适应第一项哀悼任务：意识到孩子已经走了，再也不会回来了。

咨询应该随时间逐步进行，因为父母很难一次吸收所有的信息。我认为咨询的一个重要部分是鼓励来访者与经历过类似创伤的其他夫妇或家庭交谈。这些家长可以参加支持性团体。分享体验有助于他们逐渐意识到孩子的去世不是他们的错，他们对此无能为力。有些父母的婴儿在夜间死亡，这些父母经常说的一句话是"我希望她死的时候我是醒着的"。在美国，咨询师可以把家长转介到国家婴儿猝死综合征组织的当地分会，这样丧失孩子的父母就能与他人分享感受，这会大有助益。

流　　产

关于有多少怀孕以流产告终，统计数据各不相同，但据估计，美国约有1/5 ~ 1/3的孕妇会经历流产。经历过流产的夫妻不一定能得到家人和朋友的支持。流产通常被视为被社会否认的丧失和被剥夺的哀伤（Lang et al., 2011）。通常情况下，怀孕并不一定告知他人，流产后的女性可能对自己曾失去一个孩子的事实羞于启齿。在强调母性的文化中，她可能觉得被孤立，使哀伤更难化解（Brier, 2008）。类似的常见经历可能会让哀伤过程更加困难。

　　一般情况下，女性流产时，每个人首先关心的是她的健康。一段时间以后，人们才开始充分认识到丧失了什么。此时将有许多问题凸显。对一位首次怀孕就流产的女性来说，她担心的是自己是否还能够生孩子。医生通常相当擅长处理这种问题，但他们主要从统计数据和女性年龄段和身体状况的角度来解释将来成功怀孕的概率。尽管这些信息对流产者有帮助，但医生需要认识到她刚承受了巨大的丧失，不应该试图通过关注未来怀孕的可能性来掩盖或最小化这种丧失。未来的怀孕机会当然是来访者关心的问题，但许多医生对未来成功率的关注只是为了应对他们自身对流产的不安（Markin，2016）。

　　自责是流产女性的另一个主要议题。她通常需要找到一个责备的对象，首先便是向内的、针对自我的愤怒。流产是由慢跑、跳舞或其他身体活动引起的吗？如今的女性可能会推迟第一次怀孕的时间，转而选择专注于职业目标，在职业体系确立后才养育后代。这种情况下的流产会增加女性自责的程度，影响也更加大。妻子也会将部分责任归咎于丈夫。一名患者在流产后不久说："如果我丈夫没有如此渴望性关系，这就不会发生。"丈夫常常是妻子愤怒的目标，因为妻子责怪他没有和她同样悲伤，或至少她感觉如此。通常在妻子流产的情况下，丈夫会感到无能为力，他需要表现得坚强，提供支持，但这可能会被妻子误解为不关心。

　　出于这种无助感，许多丈夫把医生当成盟友，因为医生可能是男性，而且关注的是夫妇能很快再孕并生育另一个孩子的事实。虽然医生的建议可能会让丈夫觉得不那么无助，或许也符合当时的现实，但往往不是妻子想要听到的。和其他丧失情境一样，此时重要的是让夫妻能够开诚布公地谈论自己的感受（Huffman, Schwartz, & Swanson, 2015）。

　　研究表明，男性和女性都会为流产而哀伤。通常孕期越长，哀伤就越强烈，对父亲而言尤其如此。依恋类型也是这类丧失中的重要影响因素（Jones, 2015；Robinson, Baker, & Nackerud, 1999）。夫妻双方的哀伤通常集中在失去的、有关未来的梦想上。女性通常更容易与胎儿产生联结，但是超声波成像可以使丈夫和妻子都产生和胎儿的联结（Beutel，Deckardt，von Rad，& Weiner，1995）。

因为流产就是胎儿个体的死亡，所以做好哀伤的工作是很重要的。在哀伤过程中，父母是否应该与逝去胎儿的遗体道别，人们意见不一。据几个与遗体道别的父母表示，这有助于他们接受丧失的现实，使他们能够向前迈进，处理对丧失的感受。"这让我把这种经历视为死亡。"一名女性在请求医生让她看看自己未出生孩子的遗体后说道。她随后能够和孩子道别。后来她对我说，这帮助她完成了哀悼的任务。

与处理其他丧失一样，重要的是哀悼者要能够去谈论丧失，但和堕胎的情况类似，在意外流产情况下，朋友和家人有时并不知道来访者怀孕了；有时则对谈论这样的经历感觉不适。他们的不适无助于经历流产后的夫妇处理哀伤（Pruitt Johnson & Langford，2015）。

如果家里还有其他孩子，如何告诉他们呢？通常需要把这件事告诉大一点的孩子，并让他们谈论对丧失的想法和感受，这有助于他们哀悼失去的弟弟或妹妹。

人们很少针对流产举行固定的仪式，因此也就难以把这种丧失具体化，难以促进哀伤的表达。咨询师可以鼓励来访者做一些事情，比如给胎儿命名，举行点燃一支蜡烛或种一棵树的追悼会，以及想办法把对胎儿的希望和梦想用语言表达出来，比如给胎儿写一首诗或一封信（Brier，1999，2008）。

死　产

在很大程度上，死产的情形与流产相类似。要说医疗保健专业人员应该如何应对，那就是认识到这对夫妻遭受了真正的丧失——一次死亡事件。不要试图急着让他们以乐观的态度关注未来，提出"你还能怀孕"和"你还有其他孩子"等来让这对夫妇的丧失最小化。虽然经常见到夫妻经历死产后想立即怀孕的情况，但咨询师最好针对他们着急行动的情况进行咨询。比较理想的是让他们等一段时间，直到他们处理完对丧失孩子的哀伤，再开始下一次怀孕（Murphy，Shevlin，& Elklit，2014）。

咨询师需要与夫妻双方共同工作。尽管偶尔有人有不同看法，但父亲也需要哀伤，也会经历哀伤过程。有些人在独自开车时会哭。有些人会独自去墓地。尽管父亲在社会中的角色正在发生变化，变成更柔软的养育者，情感上变得更自由，但在出现危机时，仍有人认为男人需要坚强，不应该表露情感（O'Neill，1998）。研究表明，最好的适应此类丧失的情况是夫妻双方有相似的应对方式和较开放的沟通（Feely & Gottlieb，1980）。与夫妻进行工作的重点在于处理丧失感，尤其是处理恐惧和内疚的感觉。恐惧来源于对未来怀孕的担忧，有关丧失是否影响婚姻的恐惧，以及作为父母是否失败的恐惧。内疚感会导致责备或自责。我们在咨询中也要探索夫妻可能的感受及这对自尊的影响（Avelin Radestad，Safl und，Wredling，& Erlandsson，2013；Hutti，Armstrong，Myers，& Hall，2015）。

咨询师可以和夫妻一起探索对逝去的孩子的幻想，包括探讨怀孕的意义。举例而言，这个孩子是双方都计划好并想要的，还是围绕怀孕产生了矛盾？孩子是人工受孕的，还是结婚很久以后怀孕的？如果死去的是畸胎，父母的哀悼任务将有两项：哀悼他们认为自己已拥有的孩子，以及哀悼他们实际上死产的孩子。

鼓励家庭讨论对遗体的处置，让他们给胎儿取名及参加葬礼或追悼会等仪式，帮助家庭体验到丧失是真实发生的。和孩子相关的有意义的物品收藏，比如照片、出生证明、脚印、一绺头发、医院婴儿房的手环及朋友寄来的卡片，都会让来访者意识到丧失真实发生了。咨询师可以使用尸检报告对胎儿的死因进行现实检验，为来访者提供解决疑虑的机会。

寻找意义是哀悼的一项重要任务（第三项任务），在婴儿为死胎的情况下尤为重要。"为什么会发生这种事？"这是所有丧亲父母的内心呐喊（Rosenbaum Smith，& Zollfrank，2011）。咨询师可以帮助丧亲父母努力寻找答案，包括让他们知道这可能是无解的。

不要忽视家庭里其他的孩子。围生期婴儿死亡，对家里的其他孩子来说是一种无形的丧失。看不到死去的婴儿会使死亡事件显得不那么真实，如果父母不承认丧失，这种真实感会进一步减少。当然，孩子对丧失的理解会受到他的认知和情感发展的影响。对丧失不充分的理解，加上孩子的奇特想法，会导致孩子认为自己对丧失有罪责，或者使孩子将丧失归咎于父母。后者会增加孩子的焦虑和脆弱感，使对其自身安全和幸福产生担忧。父母自身处于低潮时，很难支持家中其他的孩子。一个4岁的男孩在弟弟死产后对母亲说："不要难过。我是你还活着的儿子。"（Valsanen，1998，p. 170）父母能够辨认并承认孩子的哀伤，可能是支持孩子最重要的方式。诚实地倾听和回答问题是支持的重要来源（Wilson，2001；Worden，1996）。

对于这种类型的死亡，家庭所哀悼的既是他们本可以拥有的孩子，也是他们实际上已经失去的孩子。家庭单位应该包括祖父母和外祖父母，他们也遭受了丧失。咨询师可以考虑将家庭转介给支持团体，这种团体由经历类似丧失的家长组成（Homer Malata，& Hoope-Bender，2016）。如果你所在的地区没有这类团体，你可以帮助建立一个。对夫妻和家庭成员进行持续的随访十分重要。我们在麻省总医院有一个完善的项目，关于这个项目的细节可以在莱利-斯莫拉夫斯基、阿姆斯特朗和卡特林（Reilly-Smorawski，Armstrong，and Catlin，2002）的文章中找到。

针对之前有过怀孕死产经历，且当前正进行产前咨询的来访者，彼得森（Peterson，1994）为咨询师提供了一些很好的咨询建议。

堕　　胎

许多人对堕胎采取一种不在意甚至近乎鲁莽的态度。我在一所大学的医疗服务机构工作时，为许多堕过胎的女性进行了咨询，她们往往没有意识到自己目前的困扰来源于堕胎后未解决的哀伤。堕胎是人们宁愿忘记的、难以启齿的丧失之一。堕胎后，女性表面上似乎摆脱了困境；然而，如果她没有哀悼这一丧失，就可能在后续的丧失中继续经历哀伤（Curley & Johnston, 2013）。

27岁的玛利亚每周都来参加治疗团体，她的经历说明了这种迟来的哀伤。一天，她伤心难过地来到团体，因为一个朋友兼同事在怀孕6个月后刚刚失去了一个婴儿。团体为情绪低落的玛利亚提供了支持。在下一周的团体治疗中，她提出了同样的问题，再次得到了支持。然而，当她把相同的议题带到团体五六周后，我认为她可能比那位当事人更关心这个丧失。玛利亚的行为有些反应过度，我的直觉是她的生命中可能有一个未被哀悼的怀孕事件。在富有技巧地询问后，我发现情况确实如此。在24岁的时候，玛利亚曾怀孕并堕胎，然后很快将此事置之脑后。因为和男方的关系不稳定，她并没有告知对方，由于生长于天主教环境，她也没有告诉父母。她认为在没有任何其他情感支持的情况下，最好的应对方法是尽快忘掉这件事。然而，她在这样做的同时，剥夺了自己必要的哀伤过程。她不明白对丧失进行哀悼的必要性，但朋友的流产让她意识到了这一点。在治疗团体的帮助下，她最终解决了自己的丧失问题。

其实，处理堕胎带来的哀伤的最好办法，还是在堕胎前进行更全面的咨询，使当事人可以探索矛盾的感觉、讨论各种选择并获得情感支持。由于堕胎会带来污名化和耻辱感，所以大多数打算堕胎的女性会仓促行事，在做出决定前并没有寻求朋友和家人的情感支持（Randolph, Hruby & Sharif, 2015）。

堕胎后进行咨询也是有效的，但许多女性并没有来求助。堕胎经常被视为一种被社会否认的丧失。将它视为死亡事件并因此哀伤，可能会给当事人带来前所未有的负罪感。数年后，当女性进入更年期或得知自己不能生育时，哀伤就会出现（Joy, 1985）。这种哀伤通常表现为愤怒或内疚，并会导致自我惩罚式的抑郁。堕胎后的咨询应该包括对堕胎长期影响的讨论（Breen, Mourn, Bodtker, & Ekeberg, 2004; Hess, 2004）。

斯佩克哈德和鲁（Speckhard & Rue, 1993）提供了为堕胎者咨询的指南。他们建议：

  当一名女性承认讨论她的堕胎可能有意义时，可以让她回顾当时是如何受孕的，当她第一次感觉到自己怀孕（而非进行医学确认）时，她对发育中的胚胎有什么想法，她是否会将它拟人化，并将其作为依恋对象来称呼（例如"我的宝贝"），以及她是如何决定堕胎的。这一系列问题通常会揭示出来访者既依恋又拒绝这个胎儿的矛盾的思考过程。(p. 23)

  我们较少见到青少年在堕胎后前来咨询，尽管他们获得情感支持的难度更高。家长通常会对她的怀孕感到愤怒，有时兄弟姐妹会因为看到她选择堕胎而生气。通常她也无法求助于同龄人，因为在这个年龄怀孕是一种耻辱。在芝加哥地区进行的一项研究中，霍洛维茨（Horowitz，1978）发现，她接触的许多青少年都不想谈论自己的堕胎史或他们对此经历的感受。

  一些青少年处理哀伤的方式之一是随后继续怀孕。对再次怀孕的一个常见解释是，这是一种无意识的宣泄行为。然而霍洛维茨（Horowitz，1978）发现，许多年轻女性有意识地二次或三次怀孕，以此来处理她们对第一次堕胎的感受。忘记堕胎的经历是为了表示它并不重要，但我不相信这段经历会被淡忘，充分的哀伤过程是绝对必要的。

预期性哀伤

  预期性哀伤一词指的是在丧失实际发生之前开始的哀伤过程。这与我们之前一直在讨论的普通丧亲者的哀伤并不一样。许多死亡在发生之前是有预警的，正是在这一时期，亲友开始了哀悼的任务，并开始体验哀伤的各种反应。有时这种情况会出现一些问题，可能需要特定类型的干预。虽然突发性死亡会给丧亲者造成极大的创伤，但持久的哀伤过程可能产生怨恨，进而导致内疚。

  "预期性哀伤"一词是林德曼（Lindemann，1944）早年提出的，用来解释一些丧亲者在亲友实际死亡时没有出现明显哀伤表现的情况，原因是他们已经经历了正常的哀伤阶段并从与死者的情感联结中解脱出来了。精神病学家奈特·奥尔德里奇（Knight Aldrich）在一篇名为《垂死患者的哀伤》(The Dying Patient's Grief, 1963)的开创性论文中进一步发展了这个术语。

人们想到"预期性哀伤"时，首先想到的问题是："它有助于丧亲后的居丧过程吗？"也就是说，与在亲友死前没有提早哀伤的人相比，那些在亲友离世前提早体验丧亲之痛的人能更好地处理他们的哀伤吗？他们哀伤的时间会更短吗？似乎确实有一些证据，帕克斯（Parkes, 1975, 2010）的研究称，在亲友死后13个月的评估中，曾得到亲友死亡预警的人比没有预警的人表现得更好。然而，并非所有研究都得出了相同的结论。尼尔森等人（Nielsen et al., 2016）发现，预期性哀伤并没有改善或缩短丧亲者的哀悼过程，研究还需寻找更多证据。哀伤行为是由多种因素决定的，正如第3章所述，许多影响因素会影响哀伤的强度和结果。得到死亡的预警，在亲友死亡前开始居丧过程，只是这些因素之一。还有更多的决定因素，仅仅看这一个因素是不够的。

从临床的角度来看，在死亡发生前与患者和家属一起工作的医生需要去理解预期性哀伤，这对患者和家属都更有帮助（Rando, 2000）。

在这种情况下，哀悼过程很早就开始了，包括此前讨论过的各种哀悼任务。在第一项任务中，人们已经意识到并接受了亲友即将死去的事实，因此这项任务的解决开始得较早。然而在大多数情况下，人们想去否认发生的事情，"死亡将不可避免"的认识也随之而改变。在所有哀悼的任务中，或许对这段时间的预期有助于第一项任务的完成，尤其是当一个人正因某种长期疾病而身体衰败，处于垂死状态时。看着这个人日渐衰竭，家人自然会接近死亡的现实，并看到死亡不可避免。但我也曾经见到有这样一些人，即使面对特别明显的视觉证据，仍然坚持希望并更坚定地否认现实。

关于第二项任务，预期丧失会引发各种各样的感受，这些感受通常与亲友去世后生者的哀伤反应有关。在此期间，亲友会体验到焦虑的增加。

在第3章中，我们讨论了分离焦虑，包括它的来源及意义是什么。对许多人来说，焦虑会随着预期性哀伤的持续时间和亲友死亡的临近而提升和加剧。奥尔德里奇（Aldrich，1963）将此比作一名对孩子第一次去上学缺乏安全感的母亲，她在劳动节⊖时比在7月4日⊖时更为不安。

除了分离焦虑的问题外，在这些情况下，由于个人对死亡的觉察提高，增加了存在焦虑（Worden，1976）。当你看到一个人病情逐渐恶化时，你会情不自禁地认同这个过程，意识到自己的命运可能也将如此。此外，看着父母生病和衰落，你会意识到代际更替的存在，并且知道自己将成为下一代面对死亡的人。

在丧亲者完成第三项任务（即让自己适应一个没有逝者的世界）的过程中出现了一个耐人寻味的现象。对死亡有所预期时，丧亲者通常会在脑海中进行角色预演，反复思考"我该拿孩子们怎么办？""我将住在哪里？""没有他，我该怎么办？"这就是詹尼斯（Janis，1958）在他对外科手术患者的研究中所说的"担心的工作"。他发现，如果患者在手术前曾经完成"担心的工作"，在手术后反应会更好。这种角色预演是正常的，在整体应对方式中起着重要的作用（Sobel & Worden，1982）。然而，也有人将其视为不能被社会接受的行为。那些详细谈论亲友去世后自己如何规划的人可能会被认为对他人的感受不敏感，说的话可能显得不成熟和不合时宜。咨询师能做的事情包括对这种行为作出解释，既要向表现出这种行为的人解释，也要向他们的朋友和家人解释。同时，一些原本出于善意的安慰（比如"哦，别担心，事情会好起来的"），可能会切断"经历并处理担心"这一非常重要的过程。

若预期性哀伤持续的时间过长，可能使亲友在患者去世前过早从情感上抽离，可能会导致尴尬的关系。迈克尔年迈的母亲因一种进行性疾病而病重多年，家人都预期她将很快死去，他们说了必要的道别并做好了准备。但是，他母亲在病情严重恶化的情况下仍旧活了很长时间。有一天，迈克

⊖⊖ 美国独立日/国庆日为7月4日，劳动节为9月第一个星期一。——译者注

尔来咨询并表达了极大的不安和内疚，因为他想带家人去度寒假。虽然过去他们每年都会这么做，但现在他觉得只要母亲还活着，他就不能出行。在这种情况下，迈克尔暗中希望母亲能及早离世，并对自己的想法感到非常内疚。这种情况并不罕见，尤其是当垂死的人需要更多的护理并且病情严重恶化的时候（Bouchal Rallison, Moules, & Sinclair, 2015）。韦斯曼和哈克特（Weisman & Hackett, 1961）讨论了家庭成员的这种退缩行为，并认为低声说话和态度不自然等行为可能会对患者传递信号，即家人已经投降、放弃，患者在临终前已经被埋葬。

亲友也可能出现相反行为，非但没有情感抽离，反而离垂死的患者太近。他们靠贴近患者来消除负罪感和失落感，可能还会过度干涉患者的医疗护理。当亲友试图处理对临终者的矛盾情绪及伴随这种情绪而来的负罪感时，更容易发生这种情况。他可能会过度关心患者或寻求非传统的治疗方式，甚至会给患者和医务人员造成困扰。

我曾观察一名女性，她的丈夫是一家医院的自费患者。她想让丈夫活下去，于是采取了最极端的手段。从表面上看，护士和其他照顾者都认为她非常关心丈夫，不顾一切地想让他活着。但是只需要稍微深究，人们就会发现她和丈夫有着极为矛盾的关系，她用过度寻求帮助来表达自己的矛盾心理。

丧亲者如果能利用好患者临终前的时间来处理未完成事件，将会对后续的哀伤过程产生重要影响。未完成事件不仅包括遗嘱和其他财产的分配，还包括能够表达对患者感激和失望的情绪，这些都需要在患者去世前进行。如果咨询师能鼓励亲友和患者进行这样的交流，那么在患者临终前的这段时光里，所有相关人员都能很好地向其致敬和告别。当该表达的情感得到了充分表达，丧亲者就不需要在哀伤咨询中花时间去处理未完成事件带来的遗憾了。因此，如果你能接触到患者和家人，帮他们认识到，即使面对的是一个即将发生的悲剧，也可能带来一个机会，让他们在患者去世前处理好未完成事件。人们通常需要鼓励或许可来做这件事，我认为护理人员的鼓励是实现这一点的重要因素，否则这种情况可能并不容易出现（Metzger & Gray，2008；Worden，2000）。

到目前为止，我们主要讨论的是丧亲者的预期性哀伤。但其实临终者也能体验到这种预期性哀伤，尽管他们的感受可能与丧亲者有所不同。丧亲者失去的是一位所爱之人，而临终者在生命中往往有许多依恋对象，这么一来就意味着临终者将同时失去许多重要的人。对这种丧失的预期可能让人不堪重负，患者经常会退缩，面壁不语以应对这种痛苦。咨询师可以提供帮助，向受到困扰的患者及其亲友诠释这种行为（MacKenzie, 2011）。

在我们结束与预期性哀伤有关的部分之前，还有一件事需要考虑，即如何使用支持团体。对一个特殊群体（如将要失去身患绝症的年幼孩子的父母）而言，经历预期性哀伤的时期特别困难，需要大量的支持（Jordan, Price, & Prior, 2015）。丧子会给人一种时间错乱的感觉：白发人本不应该送走黑发人——这不符合自然规律。这种体验，以及其他各种各样的经历，通常还有一系列的医学治疗，会给家庭成员带来巨大的压力，包括家中的父母及患病的孩子（Davies et al., 2004）。

有一些支持团体如"点灯人"（Candlelighters）会为那些病重或临终孩子的父母提供帮助。在这些团体中，父母可以在社交环境里处理预期性哀伤。许多参加过这些团体的家长都觉得获得了帮助。团体提供机会，让他们和有同样遭遇的其他父母分享感受，同时也使他们能更好地应对婚姻中的压力，以及应对管教其他孩子时遇到的一些困难。尤其是父母忙于照顾临终的孩子时，普遍存在一种忽视了其他孩子的感觉。

美国儿童癌症组织（American Childhood Cancer Organization）总部位于马里兰州肯辛顿（Box 498, Kensington, MD 20895，电话：855-858-2224）。另一个支持团体"温馨互助伙伴"（The Compassionate Friends）会在孩子死后为家庭提供帮助。有关该组织和当地分会的信息，请访问他们的网站 www.compassionatefriends.org 或致电 877-969-0010。

艾滋病毒/艾滋病（HIV/AIDS）

本书第 1 版出版时，艾滋病毒/艾滋病刚开始流行。在过去的 35 年中，越来越多的人受到艾滋病的折磨并因此死亡。有两个主要的变化需要我们注意。第一，当前艾滋病毒影响了更广泛的社会阶层。早年，它经常被视为一种同性恋专属的疾病。现在，越来越多的女性、儿童和少数群体感染了这种病毒，他们有的已经去世，有的正与这种疾病共存。另一个受影响的群体是儿童，他们的父母患有艾滋病或死于艾滋病（Rotheram-Borus, Weiss, Alber, & Lester, 2005）。阿伦森（Aronson, 1995）为这些孩子提出了一个有效的基于学校的干预项目。

第二个变化是医疗领域出现了新的抗逆转录病毒药物和药物治疗组合，它们出现在 20 世纪 90 年代中期，延长了艾滋病毒感染者和艾滋病患者的寿命。艾滋病现在已经成为一种慢性疾病。和艾滋病流行伊始相比，当前美国死于此病的人数急剧下降，然而祸福难料（Demmer, 2000）。当艾滋病代表了一个治愈无望的人生终点时，许多患者可能会预期健康的恶化和衰退。现在，缓解期变长，给那些受折磨的人和他们所爱之人带来了希望，但是治疗过程充满不确定性，会带来新的问题，例如"我该回去工作还是继续领取残疾保障？""我能活到找到治愈方法的那天吗？"虽有部分患者获得了额外的生存时间并因此感到欢喜，但对一些人来说，达摩克利斯之剑最终还是落下了，留下一群新的哀悼者，希望最终的破灭使他们更加痛苦。

在世纪之交，据估计有 50 万美国人死于与艾滋病相关的疾病。活着的家人和朋友要面对这种特殊丧失遗留的后果。艾滋病的丧亲者面临非常特殊的挑战。这种疾病由传染性病毒引起，缺乏治愈方法，被社会污名化，并且患者长期患病，这些都会影响丧亲者的哀悼行为。以下方面可能对艾滋病丧亲带来的哀伤产生影响（Mallinson, 2013）。

传染性

因为艾滋病通常通过体液人际传播，所以作为伴侣的哀悼者可能会觉得将疾病传染给死者是自己的责任，又或者其本身可能被死者传染。在这两种情况下，除了哀伤，来访者主要的情感特征可能是愤怒和内疚。探索这些感受将是咨询的重要部分。

污名化

与艾滋病相关的死亡也属于我们之前讨论过的无法公开提起的丧失。由于社会对艾滋病死亡的污名化程度往往比自杀死亡严重（Houck，2007），所以一些丧亲者担心一旦逝者的死因为人所知，他们会遭到排斥和严厉的批判。因此，丧亲者可能会撒谎，将亲友的死亡归咎于癌症或艾滋病以外的其他疾病。这也许能让丧亲者摆脱艾滋病标签带来的困扰，但他们要付出另一种情感上的代价，那就是害怕被揭穿，同时对自己的所作所为感到愤怒和内疚（Worden，1991）。咨询师帮助丧亲者应对污名化的现实，并帮助他们找到适当的方式来分享丧失的情况，可以减轻丧亲者焦虑和恐惧的感受。

当一个家庭同时得知孩子所患疾病及其生活方式时，将深受与艾滋病相关的污名化的打击。由于害怕被羞辱，这种家庭可能会与患病的家人产生严重的疏离感。美国中西部的一个家庭里，儿子死前不久，父母才得知他的生活方式和他罹患艾滋病。回家后，他们对朋友说儿子死于车祸，因为担心其他人会排斥他们。这种掩饰持续了几个月，直到内心的冲突使他们不得不说出孩子死亡的真相。令家人惊讶的是，他们并没有被拒绝，而是得到了朋友和教会成员的支持。艾滋病患者的亲友团体在患者死亡前后都将持续为其亲友提供情感支持（Monahan，1994；Sikkema, Hansen, & Ghebremichael，2006）。

此时此刻，艾滋病毒或许将继续影响更广泛的社会阶层，特别是国际社会和发展中国家。尽管自艾滋病毒首次被发现以来，人们已经取得了一些医学进展，但可以预期的是，哀伤工作者们在未来仍会看到很多与艾滋病相关的丧亲之痛。

反思与讨论

- 本章提出，司法程序有双重作用，对暴力性死亡（事故、自杀和凶杀）的哀伤处理可能提供帮助，也可能造成损害。对于在寻求治疗的同时还在进行司法程序的来访者来说，怎样的干预措施能为其提供帮助呢？
- 在经常使用委婉语来指代死亡的文化中（比如"离开了"和"过世了"），你认为对丧亲者使用直截了当的词语，如"珍妮死了"或"你的儿子自杀了"，会有什么优点和缺点呢？
- 婴儿猝死综合征、流产、死产以及儿童意外死亡等会给来访者健康的婚姻带来压力。你将如何使用心理健康教育技术来帮助夫妇度过困难时期？
- 对于预期性哀伤是否是一个有效的概念，以及人们在逝者死前经历预期性哀伤能否真的缩短哀悼期的时间，大家有不同的看法。思考并讨论你对这个问题的看法。

Grief Counseling
—and—
Grief Therapy

第 8 章

哀伤和家庭系统

目前为止,我们主要关注的是个人的哀伤反应,以及生者与逝者之间的关系对哀伤反应的影响。然而,大部分重大丧失都发生在家庭的背景中,因此我们必须考虑个体死亡对整个家庭系统的影响。大多数家庭都处于某种平衡状态,重要他人的去世会使家庭失衡,导致家庭成员感到痛苦并寻求帮助。著名的家庭治疗师鲍恩(Bowen,1978,2004)认为,在死亡事件发生时以及发生前后,对于任何尝试帮助这个家庭的人来说,了解家庭的整体架构、逝者在家庭中的作用和地位、整体的生活适应水平是非常重要的。

已经确定的影响哀悼过程和家庭破裂程度的具体因素包括:家庭生命周期的阶段,死者所扮演的角色,权力、情感和沟通模式,以及社会文化因素(Davies, Spinetta, Martinson, & Kulenkamp, 1986;Vess, Moreland, & Schwebel, 1986;Walsh & McGoldrick, 2004)。

此处要讨论的是家庭动力如何阻碍正常的哀悼过程。这一章并不是家庭治疗的专题论述。我假定读者对开展家庭治疗有一定的了解,掌握一定的技能。对于不太熟悉这一领域,想进行概述性了解的人,我推荐勒博(Lebow,2012)的《临床家庭治疗手册》(*Handbook of Clinical Family*

Therapy)。一种用于丧亲家庭的家庭治疗方法是基桑和布洛克（Bloch）的《家庭聚焦哀伤治疗》(*Family Focused Grief Terapy*；Kissane & Bloch，2002，2004），另一种方法可见于桑德勒和同事的家庭丧亲项目（Family Bereavement Program；Sandler et al.，2010；Sandler，Tein，Cham，Wolchik，& Ayers，2016）。

　　家庭治疗认为家庭是一个内部所有成员相互影响的单元。因此，仅仅治疗每个与死者有关系的个人，处理个体的哀伤是不够的，我们需要与整个家庭网络联系起来。家庭个体成员的特征决定了家庭系统的特征，然而家庭系统远不只是个体特征的总和。除了家庭成员的哀伤反应外，整个家庭的哀伤反应也需要得到评估（Rosen，1990）。之所以既要考虑家庭哀伤也要考虑个体哀伤，有一个原因是家族神话的影响。这些神话的作用方式和个体的防御类似，给出了家庭群体的定义和身份。此外，家庭成员死亡后发生的每一个变化都象征着家庭本身的死亡，家庭的主要任务是从旧有的家庭形态中建立一个新的家庭形态（Stroebe & Schut，2015）。

　　每个家庭在表达和容忍情感的能力上各不相同。如果个体公开表达情感是不被接受的，他就可能表现出各种类型的外化/发泄行为，这也是哀伤反应的一种表现。最能有效应对哀伤的家庭在讨论死者时都是开放的，而封闭的家庭不仅缺乏这种自由，还会编造借口，鼓励或驱使其他家庭成员保持安静。功能性家庭更有可能处理与死亡有关的情感，包括承认和接受脆弱的情感（Henoch，Berg，& Benkel，2016）。

　　采用家庭系统视角的一个重要原因是，未解决的哀伤不仅是家庭病理的一个关键因素，而且会影响代际间的病理关系（Gajdos，2002；Roose & Blanford，2011）。沃尔什和麦戈德里克（Walsh and McGoldrick，2004）指出，一个人原生家庭中的延迟哀悼会阻碍这个人在当前家庭中处理情感丧失和分离。莱利（Reilly，1978）研究了这一现象与药物滥用的关系，他认为，年轻的药物滥用者从来没有完全哀悼或解决与父母矛盾的联结。因此，他们往往把丧失和被遗弃的内心冲突投射到现在生活的家庭中。为了评估代际冲突的影响，鲍恩（Bowen，1978，2004）建议咨询师在咨询的初始过程中，至少考虑两代人的家族史。

在评估哀伤和家庭系统时，我们至少需要考虑三个主要方面。评估的第一个方面是死者在家庭中所扮演的功能定位或角色。家庭成员扮演了多种角色，如体弱多病者、价值观制定者、替罪羊、养育者、家族领导者等。在死者具有更加重要的功能定位的情况下，他的死亡将更加干扰家庭的功能平衡。鲍恩（Bowen，1978，2004）认为，当成员以合理的效能发挥自己的作用时，家庭就会处于平衡稳定状态，但是家庭成员的增加或减少会导致不平衡。由于个体的死亡，家庭会失去一个重要的角色，另一位家庭成员可能会填补这个空缺的角色。

孩子们在家庭中扮演着重要的角色，他们的死亡会打破家庭的平衡。我见过一个少年，他是三个孩子中最小的，后来死于白血病。他接受了多次住院治疗和相应的护理。这个男孩被他最大的哥哥憎恨，在他死后，哥哥不让父母收拾弟弟的房间、收拾或丢弃他死去弟弟的物品。家人提起这件事时，哥哥会非常生气，因为这样做将意味着他将不得不面对失去亲人的结果，以及他对弟弟未解决的矛盾情绪。

母亲的痛苦是因为她与死去的孩子关系异常亲密。她对去世的这个孩子有一种反向依赖，依靠他来增强自己日渐消沉的自尊，让他扮演了本该丈夫扮演的角色。她的丈夫从来不太关注她；孩子死后，他给予她的关注更少了，并拒绝谈论他的感情，并且离家的时间越来越长。老二是一个住在外地的女孩，她是唯一一个看起来情况还不错的孩子。对这个家庭的成员进行个体咨询可能会有一定成效，但我认为分别进行三四个个体咨询不会像家庭治疗那样有效，在家庭治疗中，这些不同的冲突和问题可以在彼此的权限内解决。事实上，精神病学家诺曼·保罗（Norman Paul，1986）认为如果哀伤工作仅限于个人，治疗师可能会削弱个人和家庭间的关系。

父母中的任何一方在年轻时去世都可能对家庭产生长期的影响。"这不仅扰乱了平衡感，而且夺去了这个时期最重要的经济支柱及养育功能，让这个家庭失去了这些功能"（Bowen，1978，p. 328）。此外，长期负责家族事务决策的家族领导者的死亡也会引起广泛的影响。一名女性的祖父铁腕管理着家庭。祖父死后不到两年，她的父母就离婚了，家族生意崩溃了，家庭成员分散到了各地。我们需要认识到，许多人在家庭中只扮演了次要角色，人们可能会认为这样的人是中性的，他们的死亡对当前或未来的家庭功能影响不大。

评估的第二个方面是家庭的情感融合。即使在没有外界帮助的情况下，情感和谐的家庭在面对一个重要家庭成员的离世时，也能够更好地帮助彼此来应对。不太和谐的家庭可能在亲人离世时表现出较少的哀伤反应，但可能会在之后表现出各种身体或情感上的症状，以及一些社会不当行为。咨询师理解这一点很重要，因为仅仅让家人在亲人离世后表达自己的感受，未必会增加情感融合的水平（McBride & Simms，2001；Worden，1996）。

由于情感表达在哀悼过程中非常重要，所以评估的第三个方面是家庭如何促进或阻碍情感表达。我们要理解家庭对情感的重视，以及家庭沟通模式是否允许个人表达情感。戴维斯等人（Davies et al.，1986）发现，一些功能不太健全的家庭会将悲伤等同于疯狂，比如人们会说："我已经看够眼泪了。"研究者还发现，在功能更健全的家庭中，父亲能够公开表达自己的哀伤，而不是隐藏自己的情感或者赞扬儿子在葬礼上没有哭。后一种行为强化了僵化的性别角色，是功能较差家庭的表现特征。因为死亡事件会引发各种各样的强烈情感，所以能够体验、识别并表达这些情感的环境是很重要的。那些对情感进行压抑或保持距离的家庭可能最终无法充分解决个人的哀伤（Traylor, Hayslip, Kaminski, & York，2003）。

凯伦是五个孩子中最小的一个，她的父亲是一个无能的酗酒者，死在当地一家酒店中。由于他长期以来一直让家人感到难堪，家人选择了立即火化，他的骨灰也被随意处置。凯伦想纪念一下父亲，但家里没有人同意她的想法，而且她年纪最小，没有什么影响力。她认为父亲"死得很不堪"，她无法与父亲分离。多年来，她对父亲形成了一种病态的认同，用以与父亲保持联结。她的家人经常说:"你就像你父亲一样。"年轻时,卡伦就有严重的酗酒问题,这在一定程度上与她父亲的这种病态认同有关。通过哀伤治疗,她看到了这种联系,与父亲道别,与其他家庭成员处理有关父亲死亡的问题。随着时间的推移,她的酗酒问题得到了解决。

这个家庭可能认为没有必要进行家庭治疗,他们相信或想要相信父亲的死不会对他们或家庭系统造成影响。但这个案例也说明了为什么在死者去世后,评估所有家庭成员(包括年幼孩子)的奇特想法和感受是明智的。

正如第2章描述的哀悼任务,适应亲人的离世是家庭的重要任务:家庭成员必须承认丧失的发生,认可每个家庭成员的哀伤经验(健康的家庭可以将这些差异看作力量)。丧亲后的家庭必须重组,将逝者的角色分配给其他家庭成员或抛弃这个角色,从而减少混乱感。家庭成员必须投入"新"家庭的生活,同时保持与死者的联系(McBride & Simms, 2001; Walsh & McGoldrick, 2004);真诚开放的交流加上适当的典礼仪式可以帮助家庭完成这些任务(Gilbert, 1996; Rotter, 2000)。

贾尼丝·纳多(Janice Nadeau)的重要工作说明,家庭的另一项任务是意义建构。家庭中的个体对丧失有独特的信念和理解,个体与家庭其他成员分享自己的想法,有助于家庭作为一个整体发展其自身的意义。一个家庭如何理解亲人的丧失将极大地影响他们的哀伤反应。一个家庭把家人的死亡理解为一种期待已久的解脱,另一个家庭则把死亡理解为一件本应被阻止的事情,那么他们的哀伤可能会有所不同(Nadeau, 1998, 2001, 2008)。

研究表明,在成员去世后处理得最好的家庭更有凝聚力,它们具有以下特征:更能容忍家庭成员之间的个体差异,可以更开放地沟通,包括更开放的情感分享,从家庭内部和外部寻求更多的支持,更积极地处理问题(Greeff & Human, 2004; Worden, 1996)。并非以上所有特征都会受到家庭干预的影响,但很多是可以的。基桑等人(Kissane et al., 2006)针对研究筛选后的部分家庭进行干预,证明了家庭丧亲干预的有效性。

桑德勒及其亚利桑那州立大学的同事开发了一个家庭丧亲项目,并研究了这个项目对丧亲父母和孩子的长期影响（长达 6 年）。针对家庭中失去父亲或母亲的情况，他们还研究了项目中的哪些部分对改变和适应是最有效的（Sandler et al.，2010，2016）。

孩子的死亡

　　孩子的死亡是一种非常难以应对的丧失，会严重影响家庭的平衡，有时会导致复杂哀伤反应。活着的兄弟姐妹经常会成为无意识策略的焦点，旨在减轻父母经历的内疚感，父母想通过控制他们来掌控命运。最难处理的情况是，父母把活着的兄弟姐妹当成死去孩子的替代品（Buckle & Flemming，2011；Rossetto，2015）。这通常包括赋予活着的孩子死者的品质。在某些情况下，父母甚至会给后来出生的孩子取与死去的孩子相同或相似的名字。戴维斯（Davies，1999）发现，健康的家庭能够承认孩子的死亡，而不期望其他孩子来填补这一空白。父母帮助逝去孩子的兄弟姐妹在家庭内表达交流情感，可以使哀伤任务顺利完成（Schumacher，1984）。

　　一些家庭通过隐瞒孩子死亡的事实处理对死去孩子的感受，这种情况下，之后出生的孩子可能对死者一无所知。例如，朱迪父母的第一个孩子是个男孩，但在幼年时就夭折了。后来他们又生了一个女孩，之后又有了第三个孩子朱迪。父母期待朱迪可以代替死去的儿子。父母从来没有说过这件事，也没有告诉她。这些年来，尽管父母不再谈论死去的哥哥，但她意识到哥哥仍然存在的感觉一直挥之不去。在潜意识里，她试图通过参与许多有男子气的活动和爱好来完成各种哥哥可能会去做的事。

　　但多年后，当她的母亲因癌症躺在床上奄奄一息时，朱迪坚持让父母谈谈死去的兄弟——他们对他的失望和对朱迪的期望。这对她来说不是一件容易的事，但她一直坚持，直到她的父母能够有意识地承认他们的失望和期望。她付出了很多，也遇到了很大的阻力，但她仍坚信在母亲去世之前把事情弄清楚是很重要的。幸运的是，她成功地解决了这些遗留问题，开始更多地成为她自己。

一个孩子死亡后,其兄弟姐妹被忽视是很常见的(Worden, Davies, & McCown, 2000)。有时人们认为孩子只是太小,无法理解这种丧失,或者认为他们需要保护以免受到所谓的伤害。更多的情况是,儿童得不到所需要的关注,因为他们的主要照顾者处于创伤状态,根本无法伸出援手。在这个时候,支持网络可以帮助缓解孩子在兄弟姐妹死亡时的一些常见反应和感受(Worden, Davies, & McCown, 2000)。

孩子很难厘清应该告诉朋友什么,以及如何处理死亡事件给他人带来的不舒服感。由于这种不适,他们经常害怕玩耍或显得快乐,因为不想让别人认为他们不关心死去的兄弟姐妹(Schumacher, 1984)。

在缺乏真诚开放的交流的情况下,孩子会自己寻找问题的答案,而这些问题往往超出了他们的理解能力。特别重要的是,父母应消除孩子对于死亡的奇幻和错误想法,以便在其余的兄弟姐妹和父母之间建立情感联系。这是一个至关重要的时间段,它可能会影响孩子的人格发展,以及他们形成和维持未来关系的能力(Schumacher, 1984)。

对于丧子父母来说,失去孩子及这件事对家庭的影响至关重要。失去任何年龄的孩子都可能是父母生命中最具毁灭性的丧失之一,其影响会持续多年。桑德斯(Sanders, 1979)在其经典研究中确认了这一点,一些研究者在澳大利亚重复了桑德斯的发现(Middleton, Raphael, Burrnett and Martinek, 1998)。亲子之间的关系很牢固,反映了父母的个性以及历史和社会维度。克拉斯和马威特(Klass & Marwit, 1989)写道:

> 对父母来说,孩子既代表了父母最好的自我,也代表了父母最坏的自我。父母生活中的困难和矛盾表现在与孩子的关系上。孩子出生在一个充满希望和期待的世界,一个有错综复杂的心理联系的世界,一个有历史的世界。亲子纽带也可以是父母和其父母之间关系的再现,因此孩子可以被父母体验为对其自我的赞许或评判。从孩子出生的那一天起,这些希望、期望、纽带和历史就在父母与孩子的关系中上演。(p.33)

朋友和家人可能不知道该如何应对这样的丧失，也不知道该如何给予支持。丧失发生之后时间越久，情况越是如此。我曾与几位丧子的母亲共事，她们的朋友都说她们应该从悲痛中恢复过来，因为孩子已经去世一年多了。

第 3 章中所讨论的哀悼的影响因素，也影响着人们对这类丧失的体验。这样的死亡通常是突然且过早的——孩子应该比父母活得久。许多孩子死于事故，这挑战了父母的胜任感，因为父母的部分职责就是保护孩子的安全；这也可能导致强烈的内疚感（Davies et al., 2004）。

内疚可以有多种来源。迈尔斯和德米（Miles & Demi, 1983-1984）提出，丧子父母可能会经历五种内疚感。第一是文化性内疚。社会期望父母是孩子的监护人，照顾他们。孩子的死亡违背了这种社会期望，可能会引发内疚感。第二是归责性内疚。如果父母因某些真实的或自己认为的疏忽，从而对孩子的死亡负有责任，那么可能会体验到归责性内疚。当孩子死于遗传疾病时，父母也可能会经历归责性内疚感。第三，道德性内疚的特征是，父母认为孩子的死亡是由于他们目前或早期生活经历中的某些违背道德的行为。这类可能的违背道德的行为有很多种。一个常见的例子是终止妊娠后的内疚感："因为我选择终止妊娠，我现在正为此受到惩罚，失去了自己的孩子。"人们在丧子父母中也会发现幸存者内疚："为什么我的孩子死了，而我还活着？"第四，当父母和孩子都卷入同一起事故，孩子死亡而父母活了下来时，更容易体验到幸存者内疚。第五是恢复后内疚。有些父母在走出哀伤、想要继续生活时感到内疚。他们认为，这样的恢复在某种程度上玷污了对他们死去孩子的记忆，社会可能会对他们做出负面评价。一名家长说："放弃内疚就意味着放弃了对孩子的依附。"（Brice, 1991, p. 6）。

丧子父母经常将孩子的死亡归咎于他人，并寻求报复，尤其是父亲。当孩子死于意外事故、自杀或凶杀时，这种需要是强烈的。但当孩子自然死亡时，同样的愤怒也会出现。有时，这种责备会针对伴侣或其他家庭成员，并给家庭系统带来压力。某个家庭成员，比如一个孩子，也有可能在某人去世后成为替罪羊。咨询师需要了解这些动力，并帮助家庭找到最合适的地方来发泄他们的愤怒和指责（Buckle & Flemming，2011）。

父母双方都经历了丧失，但由于他们与孩子的关系不同，以及应对方式的不同，所以每个人的哀伤体验可能不同。这些差异会给婚姻关系带来压力，进而导致家庭成员之间的紧张关系和结盟（Albuquerque，Pereira，& Narcisco，2015；Robinson & Marwit，2006）。

每个父母都需要理解自己表达哀伤的方式以及伴侣处理哀伤的风格（Littlewood，Cramer，Hoekstra，& Humphrey，1991）。一方可能比另一方更容易表达和讨论情绪。公开表达感情可能会让对方感到害怕，使对方无法进行交流，从而使夫妻离彼此更远。当咨询师为一对夫妻工作时，重点是不要和更愿意表达情感的一方站在一边。如果发生这种情况，不那么善于表达的一方可能会感到被忽视，对咨询过程感到沮丧。在咨询的初期，夫妻之间的沟通可能是通过咨询师进行的。夫妻中的一方可能不情愿地参加，或者只是为了帮助另一方。父亲常常是这个角色。有些人认为沉湎于过去，尤其是沉湎于痛苦的过去是无益的。出于这个原因，他们不会谈论自己正在经历的哀伤（Worden & Monahan，2009）。

在表达哀伤方面也存在性别差异（Polatinsky & Esprey，2000；R. Schwab，1996）。性别角色期望是我们社会文化的一部分。研究表明，在社会环境中，男性比女性更害怕情绪表达的后果，向别人透露的私密信息远远少于女性。对于男性来说，好的友谊是基于共同的活动而不是亲密感，是基于忠诚而不是分享感受（Doka & Martin，2010）。丧子父亲在努力应对孩子的死亡时，面临着多重束缚。首先，父亲可能得到很少的社会支持，而他们被期望成为妻子、孩子和其他家庭成员的主要支持来源。其次，父亲会对抗一种理想化的文化观念，即哀伤最好表达出来，他们需要控制这种令人恐惧的、巨大的对哀伤的表达（Cook，1988）。这些社会和个人期望之间的冲突会让男性在面临哀伤时感到沮丧、愤怒和孤独（Aho，Tarkka，Astedt-Kurki，Sorvari，& Kaunonen，2011）。

当孩子死亡时，父母常常对自己的需求和反应感到惊讶。严重的丧失引发了对亲密感的渴望，但一些父母发现自己试图通过性来满足这些需求时，会感到惊讶或内疚。很重要的一点是，父母要认识并理解这些需求和感受是正常生活的一部分。由于极度悲伤，夫妻经常会禁欲，缺乏"性趣"。不过可能只有一方表现出缺乏"性趣"，但另一方不是，这可能会使二人关系紧张（Lang，Gottlieb，& Amsel，1996）。

相反，一些夫妻可能会在孩子死后不久重新开始性活动。对于这些夫妻来说，性亲密是对生活的重新确认，满足了他们亲近、照顾彼此的强烈需求（Dyregrov & Gjestgad，2012）。约翰逊（Johnson，1984）对失去孩子的夫妻进行研究发现，一些以前没有性活动就不能和妻子亲近的男性，在丧失发生后，即使没有性行为也可以与妻子保持亲密。这让一些男性感到惊讶，他们现在明白了为什么他们的妻子喜欢拥抱并会因此得到安慰。

离婚常常与丧亲有关。温馨互助伙伴项目（The Compassionate Friends，2006）进行的调查发现，没有确凿的证据表明离婚率的上升是由父母的哀伤直接造成的。然而，有足够的坊间证据表明，这一人群的离婚率可能会上升。克拉斯（Klass，1986-1987）较好地描述了孩子的死亡给夫妻关系造成的矛盾：

> 共同的丧失让夫妻间产生一种新的非常深刻的联系，同时两人也感到由丧失造成的关系的疏远。丧失发生前夫妻关系情况不同，丧失发生后这种矛盾的呈现也不同。（p.239）

克拉斯得出的结论是，离婚率可能确实更高，但离婚率的增高可能不是孩子死亡直接造成的，而是由已有的因素造成的。

当孩子的父母已经离婚时，失去孩子的悲痛可能会变得更加复杂。这时候，父母常常聚在一起，这会引发强烈的情感和极端的行为，从共情和关心到对权力和控制的全力争夺。但在这种情况下，人们不可能获得真正想要的控制感，即让死者回来。

我们应该鼓励父母在处理好第一个孩子的丧失后再要孩子。否则，他们可能不去经历必要的哀伤过程，或者通过替代的孩子来解决自己的哀伤问题。（Reid，1992）。我曾经见过一对夫妇，他们的孩子死于婴儿猝死综合征。他们想马上再要一个孩子，但我警告他们不要这样做。他们没有听从我的建议，把4岁的儿子交给保姆照看，前往加勒比海去怀孕。幸运的是，他们没有成功怀孕。两年后，他们又有了一个孩子，在我看来，他们更能看到这个孩子本来的样子，而不是把她当成姐姐的替代者。

被置于替代者角色的孩子往往处于不利的境况中。作为替代儿童，被当作死者的兄弟姐妹而不是他们自己，会干扰孩子认知和情感的发展，可能会导致个体意识的相对缺失（Legg & Sherick，1976）。替代儿童的发展更加复杂，因为替代儿童往往受到忧心忡忡的父母的过度保护，成长的家庭被逝去孩子的形象所主宰（Poznanski，1972）。替代儿童被期望模仿死去的孩子——可能被理想化了的孩子，并且不允许他们发展对于自身的认同（G. Schwab，2009）。

失去孩子的父母面临两个问题：①学习如何在没有孩子的情况下生活，这涉及学习新的社交互动的形式；②内化孩子的形象以带来安慰（Marwit & Klass，1994）。丧亲的各项任务（参见第2章）强调了这两个问题都需要加以解决。对于许多失去孩子的父母来说，面对丧失的现实（第一项任务）就是在相信和不信之间做斗争。一方面，他们知道孩子已经死了，另一方面，他们又不愿意相信。处理逝去孩子的物品往往反映了这种挣扎。父母有时会在孩子死后将房间完整保存多年，以备孩子随时回来。

哀悼的第二项任务是处理经常出现强烈的情感，包括愤怒、内疚和责备。在情感的表达和处理过程中，可能会表现出性别差异（Doka & Martin，2010）。这种情感通常可以在"温馨互助伙伴"这类团体中得到更好的处理，有类似经历的人可以进行共情聆听。许多没有经历过丧子的人认为，哀伤中的父母最不想做的事情就是谈论他们的孩子，但这恰恰是他们最想做的事情（Wijngaards-de Meij，2005）。

对许多父母来说，哀悼的第三项任务是从他们孩子的死亡中寻找某种意义（Brice，1991；Kim & Hicks，2015；Wheeler，2001）。父母们有很多种方法来解决这个问题。有些人通过宗教和哲学信仰找到了意义，另一些人则通过对孩子独特性的认同和对孩子的适当记忆来寻找意义。为了纪念正在上大学却丧命于严重事故的儿子，一对父母建立了一个基金会。每年，他们都会给儿子就读过的高中的一名毕业生提供大学奖学金。还有一些人通过参与能够帮助个人和社会的活动来找到意义（Miles & Crandall，1983）。克拉斯（Klass，1988）发现，有些父母能将帮助及养育孩子的父母角色转化至在自助团体中帮助及养育其他人，这些父母对去世的孩子有较为积极且压力较小的记忆。

对于丧子父母来说，完成第四项任务是非常困难的。"与孩子生前关系中的矛盾与多重表征，也是他们在孩子死后寻求平衡的一部分"（Klass & Marwit，1989，p. 42）。对于一些人来说，努力重新定位孩子的过程，是一段非常困难的经历，但可能会产生重要的自我意识和个人成长（Klass & Marwit，1989；Price & Jones，2015；Riley，LaMontagene，Hepworth，& Murphy，2007）。其中一位母亲最终找到了一个有效的地方来存放有关她死去儿子的思想和记忆，这样她就可以开始重新生活。她说：

> 直到最近，我才开始注意到生活中仍对我开放的事物，也就是能给我带来快乐的东西。我知道余生将继续为罗宾哀悼，我将永远保留有关他的爱的记忆。但生活还是要继续，不管你喜不喜欢，都是生活的一部分。最近，有几次我注意到我在家里做一些事情，甚至和朋友一起参加一些活动时表现得很好。

这是一名丧子母亲，她在悲痛中前行，继续着自己的生活，却不觉得自己对孩子有内疚感。对于任何丧子父母来说，这都是最终极的、最具挑战性的目标。

祖父母的哀伤

祖父母的哀伤有时会被社会忽视。他们经常被称为被遗忘的丧亲者。他们的哀伤可能得不到社会的承认和支持（Gilrane-McGarry & O'Grady，2011，2012）。他们的哀伤可能与丧子父母不同。里德（Reed，2000）写了一本名为《祖父母会哭泣两次》（*Grandparents Cry Twice*）的书，认为祖父母不仅为死去的孙辈哀悼，也为自己的孩子（死去孩子的父母）哀悼。

哀伤的祖父母可能缺乏社会支持，这与多卡所说的被剥夺的哀伤有关。从家人、朋友和同事那里得到的支持越少，丧亲的祖父母就越难以向他人寻求理解和同情。事实上，其他人可能不理解祖父母可能正在经历什么（Hayslip & White，2008）。这可能会让祖父母感到混乱，不知道可以在哪里、如何、何时以及同谁一起体验和表达他们的哀伤（Nehari，Grebler，& Toren，2007，2008）。

除了缺乏社会支持之外，还有几个问题可能加重祖父母的哀伤：①祖父母通常比父母更接近自己的死亡；②祖父母经历的其他丧失可能影响他们对孙辈的哀伤；其中包括生活环境，如退休、裁员、健康问题、朋友去世、离婚和经济困难；③他们可能不知道如何安慰自己的孩子，可能会提出没有帮助的建议，比如"你需要向前看"。对丧亲祖父母的干预需要关注如何更有效地支持他们的成年子女和仍在世的孙辈。

关于祖父母，我们必须讨论其作为监护人的话题。因为他们的成年子女生病、离婚或死亡，也包括出现吸毒和死于艾滋病等问题时，祖父母会成为孙辈的主要监护人。海斯利普和怀特（Hayslip & White，2008）对祖父母作为监护人所面临的问题进行了充分的讨论。

父母去世的儿童

另一个需要解决的重要家庭问题是失去父亲或母亲的儿童。当这种情况发生在儿童的童年或青春期时，当时儿童可能没有足够的哀悼能力，在以后的生活中可能出现抑郁的症状，或者在成年后无法建立亲密的关系。如第 6 章所述，我们干预的重点是恢复哀悼过程，目的是改善患者的症状，并能够恢复其之前被中断的生活任务。

关于儿童是否有哀悼的能力，学界多年来一直存在相当大的争议，尤其是在精神分析学派，有很多的争议。一方面，沃尔弗斯坦（Wolfenstein，1966）说孩子只有在形成完整的身份认同时才会哀悼，这个身份认同发生在青春期的末尾，这个时候一个人已经完全分化了。另一方面，弗曼（Furman，1974）持相反的观点，认为只要实现了客体恒常性，儿童在三岁的时候就可以哀悼。鲍尔比（Bowlby，1960）则将这一年龄回推到六个月。

还有一些人，像我一样，站在第三个立场上——儿童确实会哀悼，但需要的是一种适合儿童的哀悼模式，而不是把成年人的模式强加在儿童身上。儿童哀伤中的一个关键因素是他们对分离的情感反应。这种反应存在得很早，可能早于对死亡的现实概念。虽然幼儿在依恋关系被打破时会表现出哀伤的行为，但他们的认知可能不能理解死亡。他们不能整合自己不理解的东西。一些认知概念对于充分理解死亡是必要的，例如死亡的必然性、转化、不可逆转性、因果性、不可避免性和具体运算等（Smilansky，1987）。皮亚杰在研究中提出，具体运算只有在七八岁以上的儿童中才会形成（Piaget & Inhelder，1969）。

在哈佛儿童丧亲研究中，我和菲莉丝·西尔弗曼（Phyllis Silverman）对 70 个家庭中的 125 名学龄儿童进行了为期两年的追踪调查，这些儿童的父母中有一人去世，并来自不同的群体。同时研究人员也对年龄、性别、年级、家庭宗教信仰和社区等相匹配的非丧亲儿童进行了追踪研究。对这些孩子、他们在世的父母和家人进行了评估。我们想对社区里的一群孩子进行研究，看看 6～17 岁的孩子，没有接受干预时的自然的丧亲过程（Silverman，2000；Worden，1996）。以下是这项研究的一些重要发现。

1. 大多数失去亲人的孩子（80%）在第一个和第二个周年纪念日时都能很好地应对。然而，其中有20%的人适应不良，这一比例超过了同期对照组中适应不良者的比例。丧亲孩子与对照组孩子在第二年时的差别比他们在第一年时的差别更大，这说明了失去亲人对这些孩子有后期的影响。
2. 表现良好的孩子往往来自更有凝聚力的家庭，在这样的家庭中，关于已故父母的交流很容易，日常生活的变化和破坏发生更少。那些积极而不是被动应对的家庭，那些能在困境中找到积极的东西的家庭，他们的孩子能更好地适应失去。
3. 经历了巨大压力和许多变化的家庭的孩子往往表现不佳，由于丧失造成了这些压力和变化，他们在世的父母比较年轻、抑郁、适应不良。这些孩子会表现出较低的自尊，并感觉对生活的控制能力较差。
4. 在世父母的功能水平最能预测孩子丧失父母后的适应水平。父母的功能水平低的孩子会表现出更多的焦虑、抑郁、睡眠和健康问题。
5. 对大多数孩子来说，丧失母亲比丧失父亲更糟糕。在丧亲后的第二年尤其如此。对大多数家庭来说，母亲的去世预示了更多日常生活的变化，也意味着孩子失去了情感上的照顾者。失去母亲会使儿童产生更多的情绪/行为问题，包括更高程度的焦虑，更多的外化行为，更低的自尊，以及更弱的自我效能感。
6. 大多数孩子有选择是否参加葬礼的机会，大部分也选择了参加葬礼。那些在参加葬礼前做好了准备的孩子，其心理健康结果也更好。随着时间的推移，孩子回忆和谈论葬礼的能力也在增强。当孩子感到不知所措的时候，让他们参与葬礼的筹划会有积极的作用，这能帮助他们感到自己很重要、很有用。
7. 许多孩子通过①与已故父母交谈、②感觉被他们注视、③想到或梦到他们、④把他们放在一个特定的地方等方式与已故父母保持着联系。与已故父母有强烈的、持续性联结的孩子似乎更能表达他们的情感痛苦，更能与他人谈论死亡，更多地接受家人和朋友的支持。
8. 父母中的一方去世后，孩子需要三样东西：支持、教养和持续性。对于在世的父亲或母亲来说，提供这些可能很困难，对父亲来说尤其困难。如果有个成年人能够始终如一地满足孩子的需求，并帮助孩子表达丧亲的感受，孩子的哀伤就会得到最大程度的缓解。

9. 因为失去亲人，青少年常常会感到自己与朋友不一样，会感到朋友不理解丧亲的滋味。失去母亲后，与父亲生活的少女会更加脆弱。

10. 丧亲后的第一年中，父母（尤其是父亲）的约会行为会与孩子的孤僻行为、外化行为和身体症状有关。在一段合适的居丧期后，订婚或再婚对孩子会有积极的影响，会减少孩子的焦虑、抑郁和对在世父母安全的担忧。

从这项研究中，我们确定了丧亲儿童的一些需求。与丧亲儿童一起工作的咨询师应该意识到这些需求，并针对这些需求制定具体的干预措施（Boyd-Webb，2011；Rosner, Kruse, & Hagl, 2010；Saldinger, Porterfield, & Cain, 2005；Worden, 1996）。

丧亲的孩子需要知道他会得到照顾。无论表达与否，大多数孩子心中会有这样一个问题，即"谁会来照顾我"。父母的死亡让人产生一种没有父母就无法生存的原始焦虑，这种焦虑对年幼的孩子来说是真实存在的，并且在其成年后也可能体会到。在我们的研究中，有一半的儿童在父母去世两年后仍然对在世父母的安全表示担忧。孩子需要知道他是安全且被照顾的，即使他没有直接问，父母也可以表达这点。有些孩子表现出一些行为，是为了看看自己是否受到了关心。稳定的关怀可以帮助孩子感到更安全（Librach & O'Brien，2011）。

丧亲的孩子需要知道，父母的死亡不是他们的愤怒或缺点造成的。"这是我造成的吗"，这个问题可能会萦绕在孩子的脑海中。我们很早就知道强烈的感情会伤害别人，而谈论死者时往往会发现这种罪责感。四五岁的孩子尤其容易出现这种想法，这个年龄的孩子相信魔法，认为他们有能力让事情发生。

丧亲的孩子需要清楚地了解死亡，包括死亡的原因和背景。"这会发生在我身上吗？"这是许多孩子的疑问。我们必须向一些孩子解释有关传染的问题，例如，"即使我们去医院探望爷爷，你也不会得癌症的"。如果儿童得到的信息是他们不能理解的，他们就会编故事来填补空白，这个故事往往比真实的故事更恐怖或怪诞。父母应该用孩子听得懂的词语来告诉他们。一个母亲告诉准备参加葬礼的5岁孩子，父亲的身体将会放在棺材里。听到这话，孩子尖叫着离开了房间。后来，母亲才发现孩子认为身体和头部是有区别的。如果身体在棺材里，那么头在哪里？

孩子需要感觉到自己是重要的，并且参与进来。让孩子参与葬礼或追悼会是有好处的。没有参加过葬礼的孩子需要提前了解葬礼上会发生什么，以及他们会看到什么。安排一个不是家庭成员的成年人来照顾年幼的孩子是有益的，以防孩子在葬礼结束前需要离开。让孩子参与有关节日、周年纪念的活动以及扫墓，可以让孩子感觉自己是家庭中的一员，并且把这些纪念活动当成家庭活动（Softing et al., 2016）。

丧亲的孩子需要继续保持日常生活。在这项研究中，适应最好的孩子是那些尽可能保持作息规律的孩子，例如吃饭时间、睡眠时间、家庭作业时间等。有时候，丧亲的成年人不理解为什么其他家庭成员都在哀伤，孩子们会去玩。我们可能需要说明一下，孩子会通过游戏活动来应对。

丧亲的孩子需要有人倾听他们的问题。很常见的情况是，丧亲儿童经常问同样的问题，这让大人很苦恼。当孩子在与自己的情感斗争时，他可能想看看大人的反应是否一致。一些小孩子的问题可能会很烦人。"在天堂，奶奶还能撒尿吗？"这个问题可能会遭到哥哥姐姐的嘲笑，但成人应该以尊重的态度来回答孩子的问题。

丧亲的孩子需要纪念逝者的方法。一个很好的方法就是制作一本纪念册，孩子们可以在里面放上图片、故事、照片和其他物品来纪念逝者以及和逝者共同经历的事件。这是非常好的家庭活动，可以做成一个简单的剪贴簿。我的经验是，随着孩子们长大，他们会重温纪念册，看看那个人是谁，并思考如果那个人还活着，现在会怎样。

与失去父母的孩子进行工作时，心理健康专业人士需要注意几件事。

1. 孩子会哀悼，但表现形式有所不同，这是由孩子的认知和情感发展决定的。
2. 父母的死亡显然是一种创伤，但并不一定会导致儿童发展停滞。
3. 5~7岁的儿童是一个特别脆弱的群体。他们的认知能力可以理解死亡的一些永久性的后果，但他们的应对能力非常有限；也就是说，他们的自我和社会技能发展不足以保护他们自己。这一特殊群体应该受到咨询师的特别关注。
4. 对丧亲孩子适应情况影响最大的是在世父母的功能。对丧亲孩子的干预项目也应该尝试帮助在世的父母的功能（Howell Shapiro, Layne, & Kaplow, 2015; Werner-Lin & Blank, 2012）。
5. 同时，对于儿童和成人，哀悼的结束方式可能不一样。一个人成年后的很多时候，一些重要事件发生时，其童年期的哀悼过程可以被重新激活。最明显的例子是当孩子长大到逝去父母的年龄时。当这种哀悼被重新激活时，它并不一定意味着出现了病理性问题，仅仅是需要进一步工作（Blank & Werner-Lin, 2011）。

适用于成人的哀悼任务也适用于儿童，但我们必须依据儿童的认知、身体、社会和情感发展状况进行理解和修改（Dyregrov & Dyregrov, 2013）。对于精神健康工作者来说，为丧亲儿童制定精神健康的预防办法是很重要的。对那些后期可能出现适应不良的孩子提供早期干预，是预防心理健康的工作方法。沃登（Worden, 1996）开发了一种早期识别高风险儿童的筛查工具。

家庭干预方法

死亡事件发生后，治疗师可以邀请生者进行单独会谈或家庭会谈。家庭会议的重点不仅是促进第一项任务和第二项任务完成，还需要咨询师特别关注这家人对逝者正面和负面情感的表达，并确定逝者在家庭中扮演的角色，以及家庭中的生者是取代还是遗弃了这些角色，即第三项任务。在父亲去世的情况下，他的一些角色可以分配给长子。长子可以选择继承父亲的角色，压抑自己的情感，或放弃承担父亲的角色，但这往往会让在世的母亲或其他亲属感到沮丧，因为他们有培养这种角色的期待。

当家中有青少年时，确定家中重构的角色是非常有益的。他们对接受各项任务的恐惧和意愿通常是可以协商的。然而，在世的父母往往很难独自协商这些问题。家庭经常发生争吵和冲突，或者各个家庭成员表现出感情上的退缩。家庭治疗的一个非常重要的方面是帮助他们解决真正的和附带的问题（Traylor，Hayslip，Kaminski，& York，2003）。

角色分配通常是微妙而非言语的，但有时也通过直接的言语进行分配。15岁时，杰里从学校回到家，发现屋子里挤满了邻居和家人，他的母亲正竭力不让自己哭出来。他的叔叔告诉他，他的父亲突然去世了，他将成为家里的顶梁柱，因为他是最年长的男性。在某种程度上，这是由于犹太家庭的传统。因为被指定为这家的主人，所以这个不知所措的男孩要对葬礼做出决定，比如是否要打开棺材。他能够做出这些决定，但他的家人不知道，与他小4岁的弟弟相比，他会感到多么大的责任和负担。由于他的母亲几乎不给他支持，所以他的这种情绪更加严重了。到了30岁的时候，杰里才能表达这是多么沉重的负担，才意识到多年来这种情况对他和他弟弟的关系造成了多大的伤害。

杰里终于向母亲坦诚这些感受时，他的母亲告诉他，他没有责任，并让他摆脱了这种累赘感。治疗一段时间后，杰里发现，多年来他对弟弟的过度负责已经影响到他对女性只能做出有限的承诺。如果这个模式没有被打破，他怀疑现在不能拥有满意的关系。包括患者在内，没有人责怪叔叔，也没人相信他有不良意图。但这样一个难以承受的遗留问题持续了15年，它表明当家里有人去世时，有必要和孩子们谈谈他们的感受和幻想。

另一个与角色相关的议题是联盟。在任何家庭情境下，都有各种不同的家庭联盟。通常这些联盟能满足对个人权利的各种需求，它们还能满足增强自尊的需要。任何从社会计量学的角度来研究家庭的人都可以描绘这些非常重要的联盟。一个重要的家庭成员死亡后，家庭的平衡被打破，需要建立新的联盟。这些新联盟的运行可能会在家庭中造成很大的紧张和痛苦。

鲍恩（Bowen，1978）提出，为了消除二人关系中的一些焦虑或压力，许多二人关系会变成三角关系。一个人死后，家人就需要改变和重新平衡家庭的三角关系。已经形成的各种联盟需要改变。然而，如果没有找到可替代的新关系，遭受剥夺的家庭成员可能会通过生理或情绪疾病来寻求平衡（Kuhn，1977；McBride & Simms，2001）。

另一个在家庭中可能出现的问题是让某人成为替罪羊。本书阐述了丧亲人群的愤怒的问题，以及处理愤怒的方式的重要性。不能有效处理愤怒的一种方式是替代；同样，家庭中处理愤怒的最低效的方式是寻找替罪羊，让家庭中的一员成为愤怒和指责的目标。有时，家庭中更加年幼脆弱的个体会成为替罪羊。我曾经见过一个6岁的小女孩，她的母亲把她弟弟的死归罪于她，并把她送到亲戚那里去住。

和个人一样，失去亲人的家庭也在努力寻找意义，这是家庭哀伤的一个重要特征。意义对于家庭如何哀悼非常重要（Sedney，Baker，& Gross，1994）。关于这个主题，纳多（Nadeau，1998）在她有关该主题的优秀著作中建议咨询师倾听并鼓励家庭讲述他们的故事。这样，咨询师就可以进入充满哀伤的家庭，在他们遭受巨大痛苦的时候同他们站在一起，通过交谈和倾听，帮助他们寻找生活的意义，从而继续生活下去。

最后，家庭治疗可以解决未完成的哀悼对之后家庭生活和沟通的影响。未完成的哀悼会成为人们未来面对丧失和失望时的一种防御，并且可能不知不觉地传递给其他家庭成员，特别是后代。为了克服这一点，精神病学家诺曼·保罗和同事们开发了操作性哀悼（operational mourning）的方法，并将其用于联合家庭治疗（Paul，1986；Paul & Grosser，1965）。

操作性哀悼包括直接询问一个家庭成员对其家庭中的丧失的反应，引出哀伤反应。然后其他家庭成员谈论观察到那个家庭成员哀伤反应后的感受。通过这种方式，孩子常常是第一次看到他们的父母表达强烈的情感。治疗师可借此机会向儿童说明这些情感是正常的。它也为治疗师提供一个机会去检视目前对家庭生活有着重要影响，却被父母或其他家庭成员抛弃的威胁。在哀悼期间，家庭成员被鼓励分享他们的情感体验，并对其他家庭成员的情感表达进行共情。在这个过程中，保罗发现家庭中有大量的阻抗和否认，但如果克服了阻抗，家庭会从干预中获益良多。

哀伤与老年人

另外一个影响家庭系统的问题是丧亲老年人数量的增加。近年来，虽然人类的寿命并没有显著增加，但七八十岁的人口数量却在增长，并且在21世纪还将继续增长。随着人数的增加，越来越多的老年人经历了丧亲之痛，尤其是失去配偶。3/4的女性会成为丧夫者（2015年，美国65岁及以上丧偶人数为2440万）。虽然我们在第3章中讨论了影响哀悼过程的因素，但老年人哀伤的特征仍然值得注意（Moss，Moss，& Hansson，2001）。

相互依赖

许多年迈的丧夫者和丧妻者结婚很长时间，因此与逝者有深深的依恋和家庭角色代入。任何婚姻都有相互依赖，然而在这些长久婚姻中，夫妻可能会有高度的依赖。在某种程度上，由于高度依赖于配偶及其相应活动，使得他们在丧失后难以进行调整，尤其是第三项任务的完成（Ott，2007）。帕克斯（Parkes，1992）发现，逝者在生前往往是帮助丧亲者处理危机的人。因此，丧失发生后，丧亲者经常发现自己依赖的人已经不在人世了。

多重丧失

随着年龄增长，老年人朋友和家庭成员的死亡会不断发生。短时间内失去多位亲人会让人不知所措，可能导致无法哀伤。在朋友、亲戚和家庭成员相继死亡的同时，老年人可能会经历其他丧失，包括失业、环境丧失、失去家庭系统、体力丧失、身体残疾、感官丧失；对一些人来说，可能是大脑功能的丧失。所有这些变化，再加上死亡带来的丧失，都会让老年人感到哀伤。但是一个人经历哀伤的能力可能会因为短时间内同时发生了许多丧失而降低（Carr, Nesse, & Wortman, 2006）。不过，也有研究带来了希望。一项研究发现，与没有失去配偶的老年女性相比，在配偶死亡前身体有残疾的老年女性，处理丧失时会表现出更强的心理弹性（Telonidis, Lund, Caserta, Guralnik, & Pennington, 2005）。

个人对死亡的觉察

同辈人（如配偶、朋友或兄弟姐妹）的丧失可能会提高个人对死亡的觉察。个人对死亡觉察的增强会引发存在焦虑（Worden, 1976）。咨询师需要充分讨论丧亲者对死亡的感觉，并探索这种死亡觉察可能带来的问题（Fry, 2001）。

孤独

许多丧亲老年人独自生活。洛帕塔（Lopata, 1996）的一项研究表明，年轻的丧夫者和丧妻者更有可能在丧亲后搬家，而年长者更有可能留在亲人去世时的家里。独自生活会给老年人带来强烈的孤独感，如果继续生活在之前与配偶生活的环境中，这种感觉可能会更加强烈。一些研究者区分了社会性孤独和情感性孤独，发现老年人的情感性孤独最为持久（Van Baarsen, Van Duijn, Smit, Snijders, and Knipscheer, 2001）。有证据表明，那些婚姻更和谐的人会有更强烈的情绪性孤独（Grimby, 1993）。有些老人在配偶去世后不能继续独自生活，可能需要机构照顾。传闻有证据表明，失去配偶后被迫离家的老年人可能面临更高的死亡风险（Spahni, Morselli, Perrig-Chiello, & Bennett, 2015）。

角色调整

失去配偶及其对日常生活的影响，对老年男性可能更具有破坏性。许多男性可能需要他人帮助来适应新的角色，尤其是家务方面。相对于男性，当女性失去丈夫时，家务和生活自理能力往往不会受到同等程度的破坏。有一些干预措施，如技能培训，可以在咨询中帮助到丧亲老年人，尤其是男性。

支持团体

对于任何人来说，丧亲者的支持团体都是有用的，而对老年人尤其重要，因为他们所拥有的支持网络更少，而且他们经常是孤立的（Cohen, 2000；Moss et al., 2001）。支持团体可以为那些严重社会孤独的人提供人际交往。一项研究发现，老年男性和女性都愿意参加支持团体（Lund, Dimond & Juretich, 1985）。知己没有以前那么多的人，更抑郁、生活满意度更低的人，以及那些自认为缺乏应对能力的人，最渴望参加支持团体。50～69岁之间的人也比年龄更大的人更愿意参加团体活动。需要注意的是，死亡事件前后的社会支持感可能比客观测量的社会支持特征更重要（Feld & George, 1994）。

肢体接触

另一种有用的干预是肢体接触。许多结婚多年后失去配偶的人，尤其是男性，有强烈的肢体接触需要。失去配偶后，这项需要很难被满足。愿意与丧亲老年人进行肢体接触的咨询师，可以在给老人进行哀伤咨询时触碰他们，也要注意当事人是否愿意或准备好（Hogstel, 1985）。

怀旧

怀旧作为一种干预技术，在丧亲老人的治疗干预中很常见。怀旧有时也被称为人生回顾。它可以让人慢慢地、自然地想起过去的经历，特别是可以重现未解决的冲突。人们普遍认为，怀旧是老年人具有适应功能的表现，而不是智力衰退的标志。

兄弟姐妹通常可以为老年人的生命回顾提供主要内容，因为他们可能与老年人的关系最长久。然而，一个人的年龄越大，其兄弟姐妹也活着的可能性就越小（Hays，Gold，& Peiper，1997）。

怀旧有助于个体保持自我认同。即使一个人可能失去了所爱之人，但所爱之人的心理表征依然存在。通过回忆，过去可以被重新塑造。咨询师可以鼓励来访者回忆，这可以产生有益的效果，特别是在来访者经历配偶死亡的时候。老年人从未真正失去逝者，因为当下代表逝者的很多东西都是内化的、重要的（Moss et al.，2001）。近年来，我们已经认识到通过对逝者的内部表征来保持持续性联结的重要性（Klass，Silverman，& Nickman，1996），参见第2章中提到的第四项任务。

讨论搬家

咨询师可以帮助老年人决定他们是否应该搬家。当然，这取决于他们照顾自己的能力。任何时候都不应该低估家的重要性。丧亲者可能在一个家里生活了很长一段时间，对他来说，这可能是一本充满意义的剪贴簿。搬家可能会降低一个人的自我意识，淡化与已故配偶的关系。留在家中会带给老年人自我控制感，也为他们提供了回忆过去的场所。

技能培养

一些丧亲老年人可能会过于依赖他们的成年子女。尽管失去了亲人，但老年人可以掌握新的技能，在此过程中提升自尊并获益（Caserta，Lund，& Obray，2004）。一名丧亲老年女性经常打电话给她的成年子女，即使是在半夜，也希望他们来她家修理东西（比如炉子）。有一段时间，孩子们很乐意这样做，但他们逐渐明白，母亲需要学会打电话给电工，并学会处理父亲去世前做的事情。她非常反对这个建议，觉得孩子们在拒绝她。理智最终占了上风，当她真的学会处理这些日常事务时，她为自己掌握了这些技能而高兴。咨询师需要记住，不管是老年人还是丧亲老年人，掌控感和自尊是相辅相成的。但是，适应可能需要时间。帕克斯（Parkes，1992）提醒我们，哀伤和重新学习都需要时间，所以老年人可能需要依赖他人一段时间来进行过渡。

关于丧亲老年人的研究表明，他们在亲人离世前的压力可能比离世后更大。当丧亲者是患病配偶的主要照顾者时更是如此。因此，应该尽早对照顾病患的老年人进行干预，而不是等到死亡事件发生后。

虽然这部分主要集中讨论的是配偶死亡的情况，但其他家庭成员的死亡也经常发生，包括兄弟姐妹和孙辈的死亡。对于后者，丧亲支持通常集中在丧子父母身上，而鲜少考虑祖父母的哀伤。

需要说明的是，不要认为所有的丧亲老年人都需要咨询。卡塞塔和伦德（Caserta & Lund，1993）发现，许多丧亲老年人表现出了很强的复原力。相对于无法良好应对丧亲经历的人，应对良好的人更加自信、乐观和自尊，有更强的自我效能感。此外，应对良好的人，其健康状况也更好。研究发现，复原力是老年人适应丧亲的关键因素（Spahni，Morselli，Perrig-Chiello，2015）。咨询师要牢记，老年人和其他人一样，没有普遍的哀伤体验，更没有普遍的处理方法（Bennett & Bennett，2000）。请记住奥尔波特的名言："每个人都和其他人不一样！"

家庭需求与个人需求

在总结这一章之前，我想强调两点。第一，要认识到，所有家庭成员并不会同时经历同样的哀悼任务。每个家庭成员都将以自己的节奏和方式处理哀伤。例如，老年人处理丧亲之痛可能需要很长时间，在某种程度上说，它可能没有终点。米勒等人（Miller et al.，1994）谈到了对逝者永恒的依恋。有些老年人，特别是85岁以上的老年人，可能正处于最重视记忆的阶段，余生依靠记忆活着。

我们要告诫家庭成员不要催促家人走出哀伤。我最近在与一名女性进行咨询，她的父亲在四个月前去世了。她的母亲会持续长时间地哭泣，她为此感到很难过。我想让她明白这是很自然的事情，一段时间后，她母亲的哭泣也许会少些。

第二，家庭的成员有时不愿意和整个家庭一起来接受咨询。但即使遇到阻力，咨询师也要努力让所有家庭人员都参与进来。我倾向于和家庭所有成员至少有一次共同会面。这样可以看到家庭作为一个整体是如何相互影响的，以及每个人对其他人的影响。当咨询师对所有家庭成员的情感进行评估时，咨询发挥效果、家庭成员恢复平衡的可能性就更大。

如果家庭成员不愿意参加，咨询师仍然可以使用家庭系统的方法与个人一起工作。布洛克（Bloch，1991）提醒我们，问题不在于咨询室里有多少人，而在于咨询师是否帮助来访者理解家庭动力，以便来访者将这些传递给其他相关成员。

反思与讨论

- 在你的原生家庭中，临终、死亡和哀伤是如何被处理的（或被忽略的）？你的家庭在哪些地方体现了本章案例中所述的情况？
- 祖父母对孩子死亡的独特体验是什么？专业和非专业照顾者可以提供哪些资源来帮助祖父母和其他家庭成员度过哀伤？
- 本章中，有几页专门介绍了哈佛儿童丧亲研究的主要发现，这是一项针对丧失父亲或母亲的学龄儿童的研究。其中哪个发现最出乎你的意料？
- 试着设计六个开放式的问题，鼓励逝者的家人分享逝者的故事和个人的哀伤经历。例句：你最想念他什么？不想念什么？请告诉我，你们家最喜欢的节日是哪个？
- 你认为丧亲老年人面对的最重要的议题是什么？随着老龄人口的不断增长，为了更好地照顾他们，你所在的组织可以做出哪些重要的方针或项目调整？

第 9 章

哀伤咨询师自己的哀伤

对精神健康工作者来说,哀伤咨询是一项特殊的挑战。大多数人从事助人工作旨在帮助他人,但是人们自身的哀伤经历可能会妨碍助人过程。鲍尔比(Bowlby,1980)认为:

> 失去所爱之人,是任何人都可能经历的最痛苦的事情之一,不仅亲身体验者非常痛苦,就连见证者也会因为自己无法对亲身经历者伸出援手而感到非常痛苦。(p. 7)

帕克斯(Parkes,1972)的观点呼应了鲍尔比的看法,他提道:

> 在这种情况下,痛苦是不可避免也是无法回避的。这源于双方都意识到谁也不能给予对方想要的东西。助人者不能让死者起死回生,丧亲者也不能通过假装得到帮助来满足助人者。(p. 175)

咨询师面对丧亲者的哀伤体验时,很难提供帮助,也不能感受到自己对丧亲者有所助益,因此很容易感觉沮丧和愤怒。此外,咨询师在看到他人痛苦时也可能觉得非常不舒服,这甚至会导致他们提早中断治疗关系(Hayes,Yeh,& Eisenberg,2007)。

除了挑战我们助人的能力之外,他人的丧亲经历至少还在三个方面影响咨询师。第一个方面是,与丧亲者一起工作可能让我们觉察到自己的丧失,有时甚至会带来痛苦。如果丧亲者经历的丧失与我们在自己的生活中遭受的丧失相似,这种情况会更明显。如果咨询师自己生活中的丧失没有得到充分解决,还可能妨碍有意义有帮助的干预。如果咨询师自己的哀伤已经得到充分整合,那么这段经验在和来访者的工作中就可能大有助益。近期因死亡或离婚而失去配偶的咨询师会发现自己很难(甚至不可能)与遭受类似丧失的人一起工作。然而,如果咨询师走出了自己的丧亲之痛并找到了良好的适应方法,这种经历则可能对咨询有用并有帮助。"对丧亲者的治疗源于一种慈悲心,此心乃基于对全人类面对丧失时共同脆弱性的认识。"(Simos,1979,p. 177)

哀伤可能会产生阻碍的第二个方面是咨询师自己所害怕的丧失。所有在这一领域工作的人在有生之年都会遭遇丧失,也带着对未来丧失的担忧来到咨询室里——例如,我们担心失去父母、孩子、伴侣。一般情况下,我们对这种担忧的觉察程度很低。然而,如果我们的来访者正在经历的丧失与我们最害怕的丧失相似,那么我们潜在的不安会妨碍有效咨询关系的建立(Saunders & Valente,1994)。

例如,如果一名咨询师过度担心自己的孩子可能会死去,而这种焦虑已经转化为过度保护的关系,那么这名咨询师就可能很难和孩子去世的家长一起工作。特别是当咨询师没有充分在意识层面觉察到自己的焦虑并处理这一问题时,咨询工作更是困难重重。

存在焦虑和个人对死亡的觉察是哀伤咨询给精神健康工作者带来的第三个方面的问题。在我的一本早期作品里,我提到了这个问题,并论述了这种类型的觉察如何正向或负向影响一个人的功能(Worden,1976)。当来访者来寻求哀伤咨询时,咨询师会感知到死亡的不可避免,并认识到自己对死亡的不可避免性会感受到多大程度的不适。逝者在年龄、性别或职业地位上与咨询师相似时，这种情况尤其困难，所有这些都会大大增加咨询师的焦虑。每个人都在某种程度上对自己的死亡感到焦虑，但我们有可能好好面对这一现实，使它不再成为一个让我们感到不舒服、妨碍我们工作效率的隐蔽问题。

因为哀伤咨询对精神健康工作者来说是一个特殊的挑战，所以我们在培训项目中鼓励咨询师去探索自己的丧失史，并相信这能使他们成为更高效的咨询师。首先，这有助于咨询师更好地理解哀悼的过程，体验哀伤的感觉，并理解具有适应性的哀悼过程是如何发生的。没有什么比看到自己生命中的重大丧失更能让人了解哀伤过程的真实情况了。这也让咨询师了解应对策略，并知道这一过程在哀伤得到适当解决前会持续多久（Redinbaugh，Schuerger，Weiss，Brufsky，& Arnold，2001）。

其次，通过探索自己的个人丧失史，咨询师能清楚地了解到什么是丧亲者可以获得的资源，包括什么是有帮助的，什么是没有帮助的。对这一点的探索可以帮助咨询师更有创造性地进行干预，不仅知道什么是该说的，还应知道什么是不该说的。咨询师处理自身的丧失时，可以找出自己的应对方式，以及这种应对方式如何影响咨询中的行为（Supiano & Vaughn-Cole，2011）。

再次，通过探索个人丧失史，咨询师还能识别出以前丧失中遗留至今的未完成事件。蔡格尼克心理学原则（Zeigarnik psychological principle）说明，人们会一直记着那些尚未完成的事件，直到这些未完成的事件得到处理。对自身生活有所领悟的咨询师可以诚实、坦率地面对那些没有得到充分哀悼的丧失，也知道他们还需要做些什么来处理这些特定的丧失。确定当前未解决的丧失很重要，同样重要的是确定丧失给咨询师带来的冲突，以及识别和处理冲突的方式（Muse & Chase，1993）。

最后，了解自身的哀伤有助于咨询师或治疗师了解自己与不同类型的来访者工作，以及在不同哀伤情境里工作时，存在哪些限制。我曾和伊丽莎白·库伯勒－罗斯针对临终关怀的问题对 5000 名医疗工作者进行了调查（Kübler-Ross & Worden，1977）。我们感兴趣的领域之一是护理人员在与临终患者工作时遇到的困难。有 98% 的调查对象提到至少在与一类临终患者工作时遇到特殊困难。护理人员有各种类型，而难以照顾的患者的个体差异也很大。由于并非每个人都能够恰当地处理所有类型的临终患者，所以护理人员需要认识到个人的局限性，并能将某类患者转介给可以更有效处理这类个案的同事。

哀伤咨询师也有类似的局限性。对于哀伤咨询师来说，重要的是需要去了解哪类丧亲者是自己无法有效处理的，并且能够在面对这样的来访者时做出转介或与同事彼此支持。对精神健康工作者来说，认为自己能够处理所有情况这一想法很诱人。显然事实并非如此，成熟的咨询师知道自己的限制，也知道什么时候该进行转介。哀伤咨询师个人难以处理的来访者类型通常与咨询师自身未解决的冲突有关。

丧 失 史

现在，我建议咨询师回顾自己的丧失史。在下面的内容里，你会发现一系列未完成的句子。你可以在本书中将句子补充完整，或写在一张单独的纸上，也请你花一些时间对自己的答案进行反思。如果可能的话，和朋友或同事讨论一下。此类对自己生活的反思可以在日后为你带来回报，帮助你提高工作效率。

1. 我能记起的第一次死亡事件是：_____
2. 当时我几岁：_____
3. 我记得自己当时的感觉是：_____
4. 我参加的第一次葬礼（或守灵或其他仪式）是为了：_____
5. 当时我几岁：_____
6. 那次经历让我印象最深的是：_____

7. 我最近经历的死亡丧失是（人物、时间和情境）：＿＿＿＿

8. 我应对这一丧失的方式是：＿＿＿＿

9. 对我来说，谁的死亡是最难以承受的：＿＿＿＿

10. 之所以难以承受，是因为：＿＿＿＿

11. 在我生命中，目前仍在世的重要他人中，谁一旦死去对我来说是最痛苦的：＿＿＿＿

12. 之所以这将是最痛苦的，是因为：＿＿＿＿

13. 我应对丧失的主要方式是：＿＿＿＿

14. 在什么情况下，我知道自己的哀伤已经解决了：＿＿＿＿

15. 在什么情况下，我可以与来访者分享自己的哀伤经历：＿＿＿＿

压力和倦怠

目前，医疗服务人员出现的职业倦怠和压力管理问题引起了很多关注。职业倦怠是由弗罗伊登伯格（Freudenberger，1974）提出、马斯拉奇（Maslach，1982）进一步发展的概念，这一概念用来描述医疗和精神健康工作者在压力过大且未得到妥善处理的情况下逐渐丧失职业效能感的现象。研究的关注点之一是与临终患者及其家人工作的医疗服务人员。《当专业人士哭泣》(*When Professionals Weep*；Katz & Johnson，2006）一书概述了该领域工作人员的许多压力/哀伤问题。许多哀伤咨询师也为临终患者提供咨询，患者去世前便与其及家属有联系。瓦尚（Vachon，1979，2015）比较了临终关怀机构和综合医院重症病房工作人员的压力，发现两种环境中的工作人员都有压力。她由此得出结论，只有护理人员认识到自己也有需求，才能提供最好的服务。

由于我在麻省总医院和加利福尼亚州的几所医院的大部分工作都是针对临终患者和家属的丧亲问题，所以我对员工压力、共情疲劳和自我照顾的问题也产生了兴趣（Breiddal，2012；Fetter，2012；Figley，Bride，&

Mazza，1997）。我想给那些可能正在从事临终患者咨询工作的咨询师三个建议。第一，了解自己的权限，知道自己同时只能和多少患者深入接触并建立依恋关系。一个人可以称职地处理很多患者，但能够处理多少临终患者，并且建立深度的依恋关系，一定是有限度的。这个数字当然因人而异，但对咨询师来说，必须认识到个人的极限，不要过度卷入或与太多临终患者建立依恋关系。从某种程度上说，每建立一段依恋关系，咨询师就需要经历一次对丧失的哀悼。

第二，咨询师可以通过练习主动的哀伤来避免倦怠。患者死亡时，咨询师主动去经历哀伤是很重要的。参加所服务患者的葬礼，对我个人而言很有帮助，我也建议工作人员这样做。允许自己在某人死后体验哀伤和其他感觉也很重要。如果咨询师对不同患者的死亡用不同的方式哀伤，也不要感到内疚。

第三，咨询师应该知道如何寻求帮助，以及从何处获取支持。有时候对于医疗服务人员来说，这是一件非常困难的事情。在我给一群美国中西部州的葬礼承办者讲课后，一名承办者的妻子找到了我，她非常担心自己的丈夫。其丈夫遭受了一次重大丧失，现在状态不太好。他能够帮助他人度过哀伤，但发现自己很难寻求帮助。这名男士的经历与许多咨询师相似。众所周知，咨询师经常在寻找帮助和支持系统时出现困难。因此，从事哀伤咨询和哀伤治疗的人需要知道自己可以从哪里获得情感支持、自己的极限在哪里，以及需要帮助时如何求助（Papadatou，2006，2009）。

对于在医院、疗养院和临终关怀等机构工作的人来说，护理团队中的其他成员通常能提供支持，团队领导需要负责推动这些支持的形成。定期召开员工会议，鼓励与会者谈论在照顾临终患者及其家属时出现的问题并分享感受，有助于预防员工过度的压力，促进与哀伤和丧失相关感受的表达。管理团队以外的心理健康专业人士，也可以在有需要时向团队成员或整个团队提供咨询。我在麻省总医院为妇产科同事提供了这类咨询服务好几年。帕克斯（Parkes，1986）在谈到如何支持经常面对死亡事件的员工时说:"通过适当的培训和支持,我们会发现,反复的哀伤非但不会损害我们的人性和关怀,反而会使我们更自信、更敏感地应对每一次相继而来的丧失。"(p. 7)我同样相信这点。

加米诺和里特(Gamino & Ritter,2012)提出了"死亡胜任力"(death competence),指的是发展承受和管理来访者与临终、死亡和居丧相关问题等方面的专业技能。这是符合伦理的哀伤咨询所要具备的能力。具备良好的死亡胜任力有助于咨询师避免共情失败,让其能够提供在临床上有效并符合伦理要求的哀伤咨询。

拉德和丹德烈亚(Rudd & D'Andrea,2015)提出,干预卓有成效的哀伤咨询师会形成一种富有同理心的疏离。这标志着咨询师对死亡相关创伤的情感投入和认知疏离之间保持平衡。他们认为这种疏离对于咨询师为突然失去孩子的父母进行咨询尤为重要。

在希腊雅典一家儿科病房工作、同时兼任护士老师的心理学家达奈·帕帕达图(Danai Papadatou)为所在儿科部门的工作人员制定了处理哀伤的六条规则。我发现它们特别有用。

第一条规则——医务人员要关注重症和临终儿童,并与他们发展密切的关系。

第二条规则——医务人员在预期患者将死亡时、患者死亡之际或之后会受到影响,也会表达哀伤。然而,医务人员的哀伤强度和表达方式应该是缓和且可控的。

第三条规则——医务人员的哀伤绝不能过于强烈,以免妨碍其进行临床判断或导致其情绪崩溃。

第四条规则——医务人员的哀伤程度不应超过家庭成员的哀伤程度。

第五条规则——医务人员的哀伤不应该让其他生病或临终的孩子或他们的父母看到,医务人员应该不惜一切代价保护他们。㊀

㊀ 我对此有不同的看法。有时,医务人员表现出对所爱之人的情感可以让逝者家人认识到自己的感受是正常的,并让自己与逝者的联结更具有人情味。但是,医务人员的情感不应过度,比如强烈到了需要丧亲家庭来安慰的程度。

第六条规则——团队成员应该在哀伤中互相支持。他们可以和同事分享感受和想法；然而，这种分享必须限于正式或非正式聚会的特定时间内，并且不能在照顾其他儿童时进行分享。（Papadatou，2000，pp. 71–72）

加拿大心理学家瓦尚（Vachon，1987）列出了在一些机构中有用的分享哀伤的程序。患者死亡后，主管护士会用录音来记录死亡的情况、在场的人和他们的反应，以及对丧亲后哪些家庭成员可能有风险进行非正式评估。护士也会分享自己当时的感受。几天之后，在团队会议中，大家会一起听录音并讨论病房中发生死亡事件。录音不仅用于向死亡事件发生时不在场的人提供信息，还用于引发关于丧失的讨论，分享死亡事件带来的感受，以及评估治疗可以如何改变或改进。护理团队中的每个工作人员都将在一张慰问卡上签名，在患者去世约一个月后将其寄给丧亲家属。

作为对咨询师自身哀伤讨论的一部分，我想谈论一下将志愿者作为非专业咨询师提供服务的情况。自身的丧亲之痛常常是志愿者参与各种丧亲服务项目的动力来源，在过去的30年里，出现了很多哀伤相关的志愿者项目，无论是在美国还是其他国家，大多数临终关怀项目都在一定程度上使用志愿者来帮助临终患者及其家人。许多丧夫者互助项目也是如此，丧夫者们会作为志愿者和那些最近失去亲人的人交朋友并提供建议。这些项目源于西尔弗曼（Silverman，1986，2004）的早期工作且非常有效。此外，美国大多数儿童和青少年哀伤支持中心也都接受志愿者服务。

志愿者可以提供很多帮助，但是我坚信，已经解决了自己的哀伤，并在一定程度上解决了哀伤议题的人，才适合成为志愿者。我在全国各地举办各种工作坊时注意到，一些学员正处于急性哀伤期，他们对哀伤咨询的培训感兴趣，是因为他们需要解决自己的哀伤。我不认为从事哀伤咨询能够帮助他们处理近期的丧亲经历——有太多的盲点会妨碍咨询产生效果。然而，相比起一个从未经历过丧失和哀伤的人来说，一个经历过哀伤并适应得很好的人，更有潜力做出更有意义的干预（Nesbitt，Ross，Sunderland，& Shelp，1996）。

旧金山湾区尚提项目（Shanti Program）的发起人查尔斯·加菲尔德（Charles Garfield）发现，工作中卓有成效的志愿者，往往在人际关系中可以令双方都感觉满意，其工作动机也与个人经历相关。他和同事建议设立志愿者项目，提供培训、监督、支持以及探索个人应对方式及其有效性的机会。这一建议对于在这个领域工作的专业人士来说同样是有效的（Garfield & Jenkins，1982）。

针对帮助出现共情疲劳或职业倦怠的护理人员的干预策略，可参见Figley，2002；Newelll & Nelson-Gardell，2014；Vachon，2015。

反思与讨论

- 当你读完本书，尤其是本章，你对自己的丧失有更多觉察了吗？你是如何做到的？你认为自己的哀伤经历在哪些方面影响了你帮助他人的愿望？在日记或笔记本上写出你对本章"丧失史"部分15个问题的回答。
- 你以何种方式觉察到自己对所爱之人和/或自身死亡的恐惧？基于你在本章学到的内容，你可以如何处理这些恐惧？
- 在这一章的"压力和倦怠"部分，作者引述了希腊心理学家达奈·帕帕达图为工作人员制订的六条规则。你如何看待在自己的实践和所处机构中应用这些规则？你是否同意作者对第五条规则的评论？你会如何改写这条规则，以符合你自己对医务人员哀伤的思考？

第 10 章

哀伤咨询培训

1976 年，时任芝加哥大学继续教育中心主任的玛丽·康拉德（Mary Conrad）和我决定为健康专业人士提供一个为期两天的哀伤咨询项目。我们以前举办过一些工作坊，旨在帮助健康专业人士应对晚期疾病护理的各个方面。我们都认为，除非将哀伤咨询和哀伤治疗纳入培训之中，否则我们在培训临终关怀人员方面的努力是远远不够的。

为了使这个项目尽可能全面，我们决定采用两天的时长——不仅要呈现关于哀伤和丧失的教学材料，而且要帮助参与者提高他们与丧亲者打交道的技能。我们想要详细介绍哀伤理论，并且说明为什么了解哀伤理论是必要的，同时想要说明正常和病理性哀伤的鉴别诊断问题。我们提出了可能导致哀伤反应的各种类型的丧失，包括突发性死亡、失业、由于手术导致的机体损失（如截肢）等。

我们项目的独特之处是使用了一种非常有效的培训设计。在为期两天的培训开始时，我们将参与者分为 10 人一组。在组员第一次见面并互相自我介绍之后，我们会鼓励他们分享各自的哀伤经历。尽管每个人的哀伤经历看上去各不相同，但他们会在无意中认识到：每个人都经历过丧失之痛。这种相似的经历有助于建立团体动力，并在相对较短的时间内将小组紧密地联系在一起。第二天，我们将对各类哀伤相关的情境进行角色扮演。为了实现这一点，我根据手中的案例撰写了一系列案例片段，代表着各式各样的情境以及与哀伤相关的问题。文后列出了其中 20 个案例片段，可以在培训中使用。这种角色扮演的模式与我们在哈佛医学院培训医学学生的咨询技巧时使用的方式类似，与针对危重患者及逝者家属的咨询技巧培训方式尤为相似。

这个设置要求小组成员扮演各种角色，总会包括一名具备一定能力的咨询师，并可能包括家人和朋友的角色。我们会将角色分配到各位组员手上，并要求他们仔细阅读所扮演角色的背景资料，遵循角色设置，同时要求他们不要互相讨论。重要的是，每个人只知道本人的背景资料，对整个故事设定并不了解，这样可以激发组员的创造力，并大大增加训练的真实感。当角色扮演成员离开房间后，小组组长将对其余未参与扮演的组员宣读咨询师的部分材料。当参与扮演的组员重新进入房间后，角色扮演就开始了。

只要角色扮演能够继续进行，组长就不会叫停，一轮之后再让另一名组员扮演咨询师。这样进行几轮，让小组内至少两到三名组员能够在训练中尝试练习咨询技能。然后，小组会对整个过程进行讨论与评价。扮演咨询师的组员需要解释他们的工作方向以及想法，扮演逝者家属的组员需要谈论哪些方式有用、哪些没有帮助。观察小组成员分享他们的观察心得，组长可以补充自己的建议。在讨论之后，成员可以对同样的情境再次进行角色扮演，或者小组可以更换一个不同的案例。对于参与角色扮演的组员，尤其是那些扮演咨询师的组员，我们会告诉他们，并不期望他们做得很完美，只是希望可以通过这种方式帮助大家巩固提高咨询技巧。

虽然两天的时间显然不足以培养出经验丰富的哀伤咨询师，但这些年来的经验告诉我们，这是一种比较好的培训模式，我们在全美各地对各种背景的健康专业人员进行了培训。这种工作坊默认参与者作为心理健康相关从业人员已经具有了一定的理解力和技能。工作坊的目的是让他们通过这种方式进一步了解与丧亲相关的特殊方面，同时让他们亲身体验哀伤咨询以及了解同辈小组对自己表现的评价。

本书大部分案例片段涉及的都是哀伤咨询而非哀伤治疗。哀伤治疗是一个更加复杂的过程，不能用这样一种简短的方式来解决。正如我在整本书中所强调的，除非是接受了必需的学习及培训，否则咨询师不应该尝试开展哀伤治疗。进行哀伤治疗需要咨询师对心理动力学有全面了解，并且具备评估来访者是否存在失代偿[⊖]情况的能力。很多人在没有专业背景及经过充分训练的情况下尝试开展心理治疗。优秀治疗师最有价值的品质就是了解自己的局限性。我经常对我的研究生说："我可以在感恩节切一整只火鸡，但我无法做一台手术！"他们明白了我的意思。一个人必须在自己的专业水平和培训范围内开展临床工作。

⊖ 失代偿（decompensating）是指个体代偿机制失效，导致疾病症状出现或加剧，阻碍个体向着消除症状、发挥正常功能努力。如果它发生于心理治疗期间，那么这种失代偿便被看作是一种暂时性的退行或倒退作用（regression）（《心理咨询大百科全书》，浙江科学技术出版社，2001）。——译者注

哀伤案例片段^㊀

哀伤案例片段 1

丧夫者：你是一名 75 岁的丧夫者，丈夫 6 个月前去世了。你生病了，住在养老院里。丈夫去世之后，你感到哀伤和失落。你的孩子住在海边城市，你感到很孤独。你非常想放弃和去死，这样你就可以和丈夫在一起了。你发现已经没有什么值得让自己继续活下去的了。你只是不停地对照顾你的工作人员说："别管我，让我死吧。"

社会工作者：在养老院中，你被分配去照顾一名 75 岁的丧夫者，她 6 个月前失去了丈夫。你的任务是帮助她处理哀伤，从丧失中恢复过来，重新回到生活里来。

㊀ 资料来源：From *Grief Counseling and Grief Therapy* (5th ed.), by J. William Worden, PhD. Copyright . 2018 by Springer Publishing Company, LLC.

哀伤案例片段 2

丧妻者：你是一名 29 岁的男性，与你结婚 6 年的妻子 4 个月前死于癌症，留下你、3 岁的儿子和 5 岁的女儿。你与妻子有过一段美好的婚姻，现在你受到了很大的伤害，想要找到一些东西减轻现在的痛苦。你相信，如果你可以再婚的话，这一切痛苦都将过去。你和几个女性约会过，但是每个人都让你觉得比以前更加沮丧。然而，你仍然相信如果你能很快再婚，你的孩子会有一个新妈妈，你会对自己感觉更好，你的痛苦也会消失。你将会去见那位在你妻子的临终阶段照顾她的哀伤咨询师。

咨询师：你要去见一名 29 岁的男性，他的妻子 4 个月前在你工作的医院住院，并死于癌症。死者去世前，你没有和她的其他家人一起工作过，但是现在你会将与她的丈夫开始咨询，当作你的丧亲关怀后续行动的一部分。

哀伤案例片段 3

女士：你是一名38岁的单身女性。3个月前，你酗酒的继父突发心脏病去世了。他在你3岁的时候进入你的生活，多年来一直对你进行身体虐待和性虐待，直到你17岁离开家。你听到他的死讯很高兴，很高兴他终于脱离了你的生活，并且你关于他的记忆完全只有负面的事情。自从他死后，你曾多次梦见他朝你伸出双臂。你不清楚这些梦境的含义，但你从梦中醒来后会感觉心烦意乱、无法入睡。睡眠问题开始影响你的工作表现，所以你决定寻求心理咨询。

咨询师：一名38岁的单身女性自从她的继父突然死于心脏病发作后，在过去的三个月里一直有睡眠问题。基于她最近的丧失情况去了解她的症状。如果需要解决哀伤问题，请帮助她找到问题在哪儿并进行应对。

哀伤案例片段 4

年轻男性：你和成百上千的人一起参加了一场户外音乐会。在音乐会期间，一个人拿着枪开始向人群进行大规模扫射，许多人被击杀或因此受伤。被枪杀的人中有你的一名朋友，你尝试去救他却没有成功。事件发生距离现在还不到一个月，你每晚都难以入睡。你在睡梦中不断地重回事故现场，不断惊醒。而且你发现自己在白天很容易发脾气或暴怒，发现自己常常强迫性地关注任何高层建筑中有没有打开的窗户。你活了下来，而你的朋友却没有，你为此感到内疚。

咨询师：一名年轻人在一场户外音乐会上经历了一场枪击事件，期间许多人丧生，其中包括一个和他一起参加音乐会的朋友，他为此来见你。你的任务是对他进行评估，评估他是否存在创伤或哀伤。然后，请你设计出一个治疗计划，帮助他解决任何他可能会遇到或觉得难以应对的症状。

哀伤案例片段 5

女性：你是一名母亲已经去世的 51 岁的单身女性。你们一直住在一起，关系亲密但又存在着矛盾。你在母亲长时间生病期间一直照顾她，她还住院了几次。你的母亲不是一个容易相处的人，在她生命的最后几年里，你有好几次生气地对她说，如果她不好好表现，你就会将她送到养老院去。你其实并不会这样做，但现在你的母亲去世了，你非常想念她，并对说过的这些话感到非常内疚。

咨询师：一名 51 岁的单身女性向你寻求帮助，帮助她消除自母亲去世以来的内疚感。你的任务是帮助她对于她的内疚感进行现实检验，并找到更好的方法来应对。

哀伤案例片段 6

女性：12 个星期前，与你结婚 33 年的丈夫开车去离家 160 千米远的地方赴约。他本来打算在那里过夜，第二天再回家，但他再也没有回来。几天后，人们在一条偏僻的路上发现了他的车，车内发现了他的尸体，他明显死于心脏病发作。由于天气炎热，尸体腐烂得太快，相关人士建议你不要去看他的遗体。你在离你们居住地很远的他的家乡参加了葬礼。到现在，你还不能相信他已经死了，你一直在等着他回家。你一直在哭，不知道该怎么办，所以你前来寻求心理咨询。

咨询师：一名 58 岁的女性，丈夫在出差途中因心脏病发作去世。她从未见过他的遗体，很难相信他真的死了。你要协助她完成第一个哀悼任务，以及她可能需要你帮助的任何方面。

哀伤案例片段 7

女性：在过去的三年里，你失去了你的母亲、父亲、一个兄弟和一名亲密的朋友。所有这些丧失都让你感觉到麻木。当你有感觉的时候，你感受到更多的是焦虑而非悲伤。近几个月来，你的焦虑情绪一直在加重，你已经去过好几次医院检查心悸的情况。医生说你的身体状况良好，但你的症状与你的压力和焦虑有关。她建议你去见心理咨询师，帮助你更好地管理压力。

咨询师：一名内科医生同事向你转介了一名女性，她需要你帮助她更好地管理压力。近期，她失去了几个亲人和朋友。你需要评估这些丧失与她的压力之间的关系，并围绕这些问题进行适当的干预。

哀伤案例片段 8

丧夫者： 6个月前，就在你准备躺下睡觉的时候，你的丈夫在你身边突发心脏病。你之前在工作中接受过一些心肺复苏训练，你试着通过这种方式让他苏醒过来。在为他进行心肺复苏的同时，你拨打了911并与接线员进行沟通，接线员让你把你的丈夫从床上转移到地板上。你担心如果你这么做了，可能就不能继续为他进行心肺复苏术了。你继续在床上抢救他，直到急救人员赶到。他被救护车带走时，你不知道他是否还活着。你为自己没能救活他而感到非常内疚，并认为你应该重新去学习心肺复苏术。

咨询师： 一名56岁的丧夫者失去了与她结婚30年的丈夫，丈夫死在她身边的床上。她试图对他实施心肺复苏术，直到急救人员赶到并把丈夫送到医院。她对没能成功救活丈夫感到内疚，也不知道他到医院时是否还活着。你需要帮助她解决内疚感以及她对丈夫死亡的疑问。

哀伤案例片段 9

父亲：你下班回到家后，发现16岁的儿子倒在车库的地板上，已经死亡，他的身上出现了枪伤，并且没有留下任何遗言。这完全出乎你的意料，因为你的儿子没有表现出任何抑郁的迹象，也没有说过自己想要自杀。当你回想起他去世前的几个月，你发现他变得逐渐远离以前的社交圈与朋友，花在网络游戏的时间增加了很多。你还发现他已经逃学一段时间了。他在父母上班离开家前去学校，并在父母出门后回到家中。你对他的离去感到非常伤心，好像整个人已经被摧毁，你似乎无法摆脱他浑身是血、倒在车库地板上死去的画面。

咨询师：一名50岁的父亲在他16岁的儿子自杀身亡后前来寻求你的帮助。他需要你帮助他去理解为什么会发生这种情况，以及他本可以采取什么措施或方法阻止死亡发生。你还需要帮助他去处理在梦中反复出现死去的儿子倒在车库地板上的画面。

哀伤案例片段 10

妻子：你 8 岁的孩子两年前死于白血病。你正在慢慢地适应这种丧失，但你很担心随着时间的推移，你可能会忘记孩子生活中的一些重要细节以及你与孩子在一起的记忆。为了防止这种情况发生，你把你孩子的房间保存完好，就像他去世前一样。你的丈夫对此很不高兴。他认为已经过去两年了，孩子的房间应该被拆除，仅保留孩子的部分物品，并把房间作其他用途。每次你和他讨论这个问题时，你们都以争吵告终，你感到与丈夫变得疏远。

丈夫：两年前你 8 岁的孩子死于白血病后，他的房间里一直没有变动。这在当时对你来说并没有什么问题，但是现在，两年过去了，你敦促妻子重新整理这个房间，保存一些重要的纪念品，并重新安排房间的用途。对你来说，保持房间原样只会增加痛苦的回忆。但你的妻子不会理解你，也不会同意整理并改变房间。

咨询师：有一对夫妇找到你，希望你可以帮助他们处理关于他们逝去的孩子的房间及相关纪念物的一些问题。丈夫想重新规划房间的用途，妻子却不愿意。你需要帮助他们共同解决这个问题，并帮助他们感受与丧亲相关的内心深处的恐惧和其他感受。

哀伤案例片段 11

妻子：7个月前，你78岁的父亲开枪自杀了。这让你感到非常震惊，你的父亲没有留下任何字条解释他的行为。你的母亲在去年去世了，虽然你的父亲住得离你很远，但你经常和他通电话，你相信他已经逐渐适应了失去你的母亲这件事。自从你的父亲去世后，你对身边的每个人都表现出非常不耐烦及暴躁，尤其是对你的丈夫。你的丈夫逐渐对你失去了耐心，并威胁说要搬出去住。你勉强同意和丈夫一起接受心理咨询。

丈夫：你的岳父最近在失去他的妻子不到一年的时间里开枪自杀了。这让你和你的妻子都很震惊，他没有留下任何字条解释自杀的原因。自从他死后，你的妻子一直难以接受事实。她对你做的任何一件小事都会表现出生气。你受够了妻子的这种行为，并威胁妻子说要离开她。在你真的这样做之前，你想给你们之间的关系一个机会，与妻子一起去做心理咨询，但你对此不太抱有希望。

咨询师：你的来访者是一对即将离婚的夫妇。从和丈夫最初的电话联系中你知道他妻子的父亲最近去世了。你需要通过评估了解，哀伤相关的问题在多大程度上引发了他们的婚姻问题。

哀伤案例片段 12

妻子：和你结婚 25 年的丈夫在两年前死于癌症。你曾经和他很亲近，但是现在，51 岁的你想找一个新伴侣。这个想法会引起你内心的一些冲突。你觉得这样是对死去的丈夫不忠，你也担心你的朋友会认为你疯了。你十几岁的孩子们非常反对你再婚。你尝试寻求咨询师的帮助来解决这些问题。

咨询师：一名 51 岁的丧夫者向你求助，她想找个新的伴侣，并可能再次步入婚姻。她结婚 25 年的丈夫两年前去世。你需要评估她在哀悼过程中所处的位置，帮助她处理有关开始一段新关系可能存在的内心冲突，并帮助她理解哀伤何时可以视作结束。

牧师：你所在教区中，有一名 51 岁的丧夫者，她的丈夫在两年前已经去世，她目前因为寻找新伴侣有一些纠结。你认识她已故的丈夫。你的任务是帮助她解决她内心的冲突。

哀伤案例片段 13

丈夫： 6周前，你3个月大的独生子在睡梦中离开了人世。死因被认定为婴儿猝死综合征。你非常爱他，并对他的逝去感到非常愤怒，但你很难去公开表达这个方面。你的妻子希望可以尽快再次怀孕，但是你不愿意。这给你的性生活带来了压力。

妻子： 6周前，你3个月大的孩子在睡梦中猝死了。你责怪自己睡着了。你相信如果你醒着就不会发生这种事。你渴望再要一个孩子，但你丈夫不愿意这样做，你和你丈夫之间逐渐出现了隔阂。

咨询师： 你被医院分配去对一对夫妇进行随访，他们的3个月大的孩子6周前猝死。你的任务是评估这对夫妇目前的状态，并看看他们在这个时候需要什么资源。

哀伤案例片段 14

儿子：你是一名 20 岁的男性。你的父亲于 3 个月前在自家的车库中自杀了。在那之后你感受到了非常多的情绪，特别是愤怒，因为你的父亲选择了自杀。然而，大多数时候你只是感到情绪非常低落。你喝了很多酒，并且发现这会让你感觉更好一点。你现在还住在家里，你妈妈担心你过度饮酒。当她跟你说起饮酒这件事时，你要么感到愤怒，要么选择回避话题。你现在真的不确定自己对父亲去世的感觉。你的哀伤和愤怒的情绪中混杂着内疚。你非常不情愿地答应和你妈妈一起去看心理医生。

妻子：你的丈夫在 3 个月前自杀了，死因为一氧化碳中毒。你既感到内疚，又感到愤怒和哀伤。有时你会气得说："该死的，哈罗德，如果你没死，我会杀了你，因为你让我承受的这一切！"你非常担心儿子过度饮酒的问题，自从他的父亲去世后，他的酗酒问题越来越严重，所以你找了一名咨询师来帮助你和儿子一起解决问题。

咨询师：一名女性和她 20 岁的儿子来到你这里寻求帮助，她的丈夫死于一氧化碳中毒。她心烦意乱，不能正常工作。自从丈夫自杀后，她的儿子就一直酗酒。她做了很多工作，终于让儿子同意一起来做心理咨询，但儿子还是有些不情不愿。你的任务是帮助他们理清自己目前的感受，处理好与逝者有关的未完成事件。

哀伤案例片段 15

母亲：你 3 个月大的孩子在医院里去世了。他去世至今已经 15 个月了，但你仍然感到情绪非常低落。你参加了一次为丧子父母进行的团体咨询，但离开时你说："交换故事并不是我需要的。"你对你的丈夫感到非常愤怒，因为孩子死的时候他没有在身边，而且他对你们还活着的两个孩子的关心比对你的关心要多。你父亲在你 5 岁的时候抛弃了你和家人。最近你一直梦见你死去的孩子，他在梦里对你说："你没给过我机会。"一名朋友建议你去做心理咨询。

丈夫：你的 3 个月大的孩子在医院死于先天性并发症。你对孩子的死感到非常内疚，孩子去世后，你对另外两个孩子的关心比之前要多很多。你的妻子在失去孩子后的 15 个月里情绪一直非常低落。她的哀伤困扰着你，让你感觉非常无助。你所知道的帮助她的唯一方法就是表现得坚强和自信。但这并没有帮助。她要去见咨询师，希望你和她一起去。你觉得自己很好，但如果对她有帮助，你也同意去。

咨询师：一对夫妻 3 个月大的孩子去世了。妻子在这件事发生后的 15 个月内一直沉溺于抑郁之中。这对夫妻还有其他两个孩子。夫妻双方会参与第一次咨询会谈。你的任务是判断他们的哀伤进程处于什么位置，然后决定是需要跟他们单独工作，还是进行夫妻会谈，又或者是与整个家庭合作。

哀伤案例片段 16

父亲：你的妻子 10 个月前死于癌症，留下了你和三个孩子——14 岁的女儿和两个儿子，一个 11 岁、一个 6 岁。作为一名单亲父亲，你尽了最大的努力去适应，但是你的工作时间很长，并且需要很长的通勤时间。你以为孩子们在母亲去世后关系会更紧密，但他们的关系似乎越来越疏远了。你对女儿特别生气，她讨厌承担家务，但你觉得这是她应该做的事情，因为她是一个女孩，而且是最大的孩子。当学校的辅导员向你打电话报告她逃课时，你同意去见家庭咨询师。

姐姐：你是一个 14 岁的女孩，10 个月前，你的母亲死于癌症。你很想念她，你发现母亲去世后，父亲成了你的最大痛苦源。他希望你可以每天准备早餐和晚餐，去采购，并帮助照看你 6 岁的弟弟。你憎恨这些，自从你母亲去世后，你在学校的表现很差，比起去上课，你更喜欢和朋友们在购物中心闲逛。你认为这是你唯一的私人时间，因为你的家庭责任不会给你留任何其他的私人时间。你勉强同意去见家庭咨询师。

弟弟：你是一个 11 岁的男孩，10 个月前，当你刚刚过完 11 岁生日时，你的母亲死于癌症。从那以后，家里的各种事情就一团糟，你现在更喜欢外出。大部分时间你都和朋友们在一起，闲逛或在公园里玩丢沙包。你的姐姐很专横，你很讨厌她对你指手画脚。你喜欢 6 岁的弟弟，但与弟弟之间没有多少相同的兴趣爱好。

弟弟：你是一个 6 岁的男孩。自从你母亲 10 个月前死于癌症，你一直感觉自己被遗弃了。你真的不明白妈妈发生了什么事，也不知道她现在在哪里。你没有参加葬礼。晚上，你会梦见她，并觉得这会对你有些安慰。

你几乎没有朋友可以一起玩，放学后和周末的大部分时间你都在看电视。

咨询师：学校向你转介了一个家庭，需要你帮助他们做家庭咨询，可能包括家庭哀伤咨询。这个家庭中的母亲10个月前死于癌症，留下了她的丈夫和3个孩子——14岁的女儿、11岁的儿子和6岁的儿子。女儿一直逃学，在学校表现不好。儿子们在学校没有什么困难，但据学校的老师说，6岁的孩子似乎有些迷茫，她不知道该怎么对待他。你需要对这个家庭进行评估，并为他们制定一个干预策略。

哀伤案例片段 17

母亲： 你 15 岁的儿子在一年前的某个晚上突然遇难。他当时坐在他 16 岁朋友驾驶的车上，然后车失控了。从孩子去世之后，你变得悲痛欲绝。这个男孩是你的长子，很有天赋，并且是你最疼爱的孩子。你不能理解为什么你的丈夫和另外两个孩子没有像你一样感到哀伤。你会有极度愤怒的时刻，有时是针对你的丈夫，有时是对那个开车的男孩，有时候是针对你的小儿子，因为他不肯谈论他死去的哥哥。

父亲： 一年前你 15 岁的儿子在一场车祸中丧生。在最初的几个月里，当你独自一人的时候，你会感到崩溃并经常哭泣。虽然你仍然想念他，但你认为你、你的妻子和你剩下的两个孩子需要继续你们的生活。你的妻子仍然经常哭泣，你感到家庭氛围十分紧张。正因为如此，你联系了家庭咨询师来帮助你们。

弟弟： 你是一个 13 岁的男孩，你 15 岁的哥哥在一年前和一个朋友一起开车外出时死于车祸。你总是觉得自己不如哥哥，他去世的时候，你感到松了一口气。现在你对当时的那些感觉感到内疚。关于哥哥的记忆和提醒物在房子里挥之不去，但当人们谈论你哥哥的时候，你都会起身离开房间。这种行为会让其他家庭成员感到不舒服，但你并不在乎。

妹妹： 你是一名 9 岁的女孩，你的哥哥在 15 岁的时候因为车祸去世了。你感到非常哀伤并想念你的哥哥。自哥哥去世之后，你觉得妈妈不再像以前那样亲近你了，你觉得你也失去了她，这让你变得更加伤心。你不知道怎么做才能让妈妈变得像以前一样。

咨询师： 一名父亲联系你，希望你可以帮助他的家庭进行家庭咨询。他 15 岁的儿子一年前在一次车祸中丧生。你的任务是与他们会面，评估目前存在的问题，并提出适当的干预模式。（这一情境可以在几次治疗会谈中进行模拟。）

哀伤案例片段 18

父亲：你唯一的孩子，8岁的蒂莫西，3个月前死于白血病。你通过在工作和休闲活动中保持忙碌来处理自己的哀伤反应。这让你的妻子感觉很愤怒，但你觉得只有保持忙碌才能坚持下去。你想尽快再要一个孩子，但你的妻子对再要孩子不感兴趣，你的妻子认为再生一个孩子可能让她再经历一次孩子早逝的痛苦。你让妻子和你一起去找牧师进行咨询。

母亲：你唯一的孩子，8岁的蒂莫西，3个月前死于白血病。从那以后，你一直感到情绪低落，经常哭泣。你已经对大多数社交场合失去了兴趣，逐渐远离朋友并开始独处。你在生丈夫的气，因为自从孩子去世后，他一直忙得不可开交，不能陪在你的身边。你也很愤怒，因为他提出想马上再要一个孩子。你觉得丈夫非常冷漠，你们的关系变得紧张。你同意和丈夫一起去找你的牧师进行咨询。

护士：在8岁的小蒂莫西漫长的白血病患病期间，你曾照顾过他，并认识了他的父母。蒂莫西去世之后，你去拜访了他们，你觉得他们之间的关系不太好，因此你试图帮助他们减轻失落感，并帮助他们处理彼此之间的关系。

牧师：一对夫妇在3个月前失去了他们唯一的儿子——8岁的蒂莫西，他因白血病去世。在丈夫的坚持下，夫妇俩一起来向你求助。妻子很不情愿。丈夫希望你可以帮助他处理他对于妻子和儿子的情绪感受。他希望你能说服他的妻子快点再要一个孩子。他们是你教会的成员，但你很少与他们接触。

哀伤案例片段 19

年轻男性：你的爱人 6 个月前死于艾滋病，你和他住在一起，你们在一起已经 8 年了，你在他生病后一直照顾他，直到他在家里去世。你觉得在他长达 18 个月的生病期间，你体验到了非常多的哀伤情绪。他的姐姐经常打电话给你寻求情感支持。虽然你喜欢她，也想帮助她，但她的电话会让你感到难过，你希望她不要再经常打电话给你。她的弟弟是你生命中重要的一部分，你想念他，但你现在想继续自己的生活。你不情愿地同意去见她的咨询师，希望她会停止目前的这些行为。

姐姐：你弟弟比你小 7 岁，6 个月前死于艾滋病。在长达 18 个月的病痛中，你帮助他的爱人一起照顾他，他与爱人在一起 8 年了。你很熟悉这种照顾人的角色，因为你 12 岁的时候母亲就去世了，留下你这个年纪最大的姐姐照顾家里的其他人。你在哀伤中感到无助和孤独。你对你弟弟的爱人和你丈夫感到非常生气，因为他们想把这场令你分外痛苦的丧失抛在脑后，继续生活。

丈夫：你妻子的弟弟 6 个月前死于艾滋病。你关爱她的弟弟，并在他 18 个月的病程中同情和支持他，但在他死后，你感到真正的解脱。对你来说，这意味着磨难结束了，你可以回到正常的生活中去了。然而，你的妻子经常哭闹，拒绝回去工作，你因此而感到沮丧、愤怒和无助。你不情愿地同意去做心理咨询，并希望这能结束这一切。

咨询师：一名女性前来向你求助，她的弟弟 6 个月前死于艾滋病。她带着她的丈夫和她弟弟的爱人一同前来进行咨询。你的任务是帮助他们澄清哀伤相关的问题，并促进他们在这个家庭背景下的讨论。

哀伤案例片段 20

儿子：你的父亲在与癌症斗争了一年后刚刚去世。再过几周你就要上大学了，你对第一次离开家而感到焦虑，并经历了几次恐慌。你选择去上大学而不是找一份工作来贴补家用，这让你感到非常内疚。你感到非常哀伤，但又不允许自己哭泣，因为你觉得男人不应该流泪。

女儿：你是一个 17 岁的女孩，目前在读高中。就在开学前，你的父亲因为癌症而去世。你深切地体会到了失落，却无法表达自己的感受。当你的家人想谈论你父亲的死时，你会退缩或回避。

女儿：你是一个 14 岁的女孩，目前在读初中的最后一年。你的父亲在患病一年之后刚刚去世。你想冲破家里的氛围，去做你自己的事情，但又为可能会因此伤害到你的母亲而感到内疚。你对你姐姐感到很愤怒，因为她拒绝谈论你爸爸的死亡。

母亲：你的丈夫刚刚去世，留下你和三个孩子——一个 19 岁的儿子，刚上大学；一个 17 岁的女儿以及一个 14 岁的女儿。你关心的是在没有丈夫的情况下，你需要如何在经济上维持家庭的花销，以及你需要如何在情感上应对这样的丧失。你也会对丈夫的死和让你承担所有这些责任感到愤怒。这些感觉让你害怕。你的儿子即将离开家庭，你的大女儿无法表达她的哀伤，你的小女儿疏远了所有家人，以上这些都让你感到担心。

咨询师：一名母亲前来向你求助，她的丈夫近期由于癌症去世了，留下了她和她的三个孩子——19 岁的儿子、17 岁的女儿和 14 岁的女儿。她需要你帮助他们讨论他们的感受，为未来制定切实可行的计划。这名母亲已经快被这一系列问题击垮了。你的任务是促进哀伤问题的解决并在任何他们需要帮助的地方提供帮助。

参考文献[一]

引 言

Aho, A., Paavilainen, E., & Kaunonen, M. (2012). Mothers' experiences of peer support via an Internet discussion forum after the death of a child. *Scandinavian Journal of Caring Sciences, 26*, 417–426. doi:10.1111/j.1471-6712.2011.00929

Attig, T. (2004). Disenfranchised grief revisited: Discounting hope and love. *OMEGA–Journal of Death and Dying, 49*, 197–215. doi:10.2190/P4TT-J3BF-KFDR-5JB1

Bell, J., Bailey, L., & Kennedy, D. (2015). "We do it to keep him alive": Bereaved individuals' experiences of online suicide memorials and continuing bonds. *Mortality, 20*, 375–389. doi:10.1080/13576275.2015.1083693

Bonnano, G. (2004). Loss, trauma, and human resilience. *American Psychologist, 59*, 20–28. doi:10.1037/0003-066X.59.1.20

Bonanno, G. (2009). *The other side of sadness*. New York, NY: Basic Books.

Caserta, M. S., Lund, D. A., Ulz, R. L., & Tabler, J. L. (2016). "One size doesn't fit all"—Partners in hospice care, an individualized approach to bereavement intervention. *OMEGA–Journal of Death and Dying, 73*, 107–125.

Davis, C., Wortman, C., Lehman, D., & Silver, R. (2000). Searching for meaning in loss: Are clinical assumptions correct? *Death Studies, 24*, 497–540. doi:10.1080/07481180050121471

De Groot, J. (2012). Maintaining relational continuity with the deceased on Facebook. *OMEGA–Journal of Death and Dying, 65*, 195–212. doi:10.2190/OM.65.3.c

---

[一] 完整版参考文献请参见 www.hzbook.com,注册后搜索本书,可在相应页面下载。

哀伤疗愈

哀伤治疗：陪伴丧亲者走过幽谷之路
[美] 罗伯特·内米耶尔 著
ISBN：978-7-111-52358-1

哀伤的艺术：用美的方式重构丧失体验
[美] 罗琳·海德克 约翰·温斯雷德 著
ISBN：978-7-111-66627-1

拥抱悲伤：伴你走过丧亲的艰难时刻
[美] 梅根·迪瓦恩 著
ISBN：978-7-111-68569-2

优雅的离别：让和解与爱相伴最后的旅程
[美] 艾拉·比奥格 著
ISBN：978-7-111-59911-1